实例效果

人物角色实例

动物角色实例

原画设计

《3ds max+Photoshop 游戏角色设计》

实例效果

人物角色贴图展示

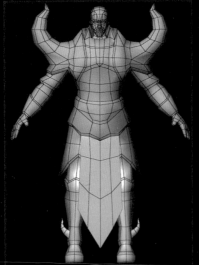

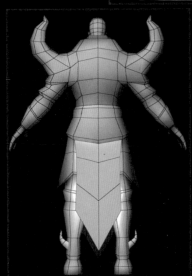

人物角色模型展示

实例效果

原画设计

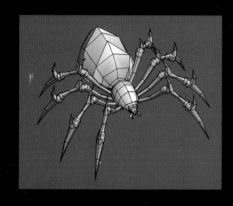

蜘蛛角色模型展示

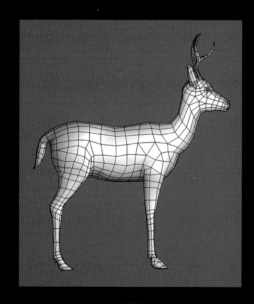

鹿角色模型展示

实例效果

蜘蛛角色贴图展示

蜘蛛角色实例展示

动漫游戏系列教材

3ds max+ Photoshop
游戏角色设计
第 2 版

王世旭 刘若海 张 凡 等编著

设计软件教师协会 审

机械工业出版社

本书共分 4 章：第 1 章分析了游戏角色，讲解了游戏角色设计技法；第 2 章详细讲解了简单四足 NPC 动物——犀牛的制作技巧；第 3 章详细讲解了两足男性角色的制作技巧；第 4 章详细讲解了多足 NPC 动物——蜘蛛的制作方法。

为了辅助游戏角色制作的初学者学习，本书的配套光盘中含有相关实例的高清视频文件，还包含所有实例的素材及源文件供读者练习时参考使用。

本书可作为大中专院校艺术类专业和相关专业培训班的教材，也可作为游戏美术工作者的参考书。

图书在版编目（CIP）数据

3ds max +Photoshop 游戏角色设计 / 王世旭等编著
．—2 版．—北京：机械工业出版社，2013.6（2015.8重印）
动漫游戏系列教材
ISBN 978-7-111-42406-2

Ⅰ．①3...　Ⅱ．①王...　Ⅲ．①三维动画软件
—教材②图象处理软件—教材　Ⅳ．①TP391.41

中国版本图书馆 CIP 数据核字（2013）第 093368 号

机械工业出版社（北京市百万庄大街22 号　邮政编码100037）
责任编辑：王凯
责任印制：刘岚
北京画中画印刷有限公司印刷

2015 年 8 月第 2 版·第 2 次印刷
184mm×260mm　·11.25 印张·2 插页·276 千字
3001—4800 册
标准书号：ISBN 978-7-111-42406-2
　　　　　ISBN 978-7-89405-008-3（光盘）
定价：55.00 元（含 1DVD）

动漫游戏系列教材
编审委员会

出　版　说　明

随着全球信息社会基础设施的不断完善，人们对娱乐的需求开始迅猛增长。从 20 世纪中后期开始，世界各主要发达国家和地区开始由生产主导型向消费娱乐主导型社会过渡，包括动画、漫画和游戏在内的数字娱乐及文化创意产业，日益成为具有广阔发展空间、推进不同文化间沟通交流的全球性产业。

进入 21 世纪后，我国政府开始大力扶持动漫和游戏行业的发展，"动漫"这一含糊的俗称也成了流行术语。从 2004 年起，国家广电总局批准的国家级动画产业基地、教学基地、数字娱乐产业园至今已达 16 个；全国超过 300 所高等院校新开设了数字媒体、数字艺术设计、平面设计、工程环艺设计、影视动画、游戏程序开发、游戏美术设计、交互多媒体、新媒体艺术与设计和信息艺术设计等专业；2006 年，国家新闻出版总署批准了 4 个"国家级游戏动漫产业发展基地"，分别是：北京、成都、广州、上海。根据《国家动漫游戏产业振兴计划》草案，今后我国还要建设一批国家级动漫游戏产业振兴基地和产业园区，孵化一批国际一流的民族动漫游戏企业；支持建设若干教育培训基地，培养、选拔和表彰民族动漫游戏产业紧缺人才；完善文化经济政策，引导激励优秀动漫和电子游戏产品的创作；建设若干国家数字艺术开放实验室，支持动漫游戏产业核心技术和通用技术的开发；支持发展外向型动漫游戏产业，争取在国际动漫游戏市场占有一席之地。

从深层次上讲，包括动漫游戏在内的数字娱乐产业的发展是一个文化继承和不断创新的过程。中华民族深厚的文化底蕴为中国发展数字娱乐及创意产业奠定了坚实的基础，并提供了广泛而丰富的题材。尽管如此，从整体上看，中国动漫游戏及创意产业面临着诸如专业人才缺乏、融资渠道狭窄、缺乏原创开发能力等一系列问题。长期以来，美国、日本、韩国等国家的动漫游戏产品占据着中国原创市场。一个意味深长的现象是，美国、日本和韩国的一部分动漫和游戏作品取材于中国文化，加工于中国内地。

针对这种情况，目前各大专院校相继开设或即将开设动漫和游戏相关专业。然而，真正与这些专业相配套的教材却很少。北京动漫游戏行业协会应各大院校的要求，在科学的市场调查的基础上，根据动漫和游戏企业的用人需要，针对高校的教育模式及学生的学习特点，推出了这套动漫游戏系列教材。本套教材凝聚了国内外诸多知名动漫游戏人士的智慧。

整套教材的特点为

▸ 三符合：符合本专业教学大纲，符合市场上技术发展潮流，符合各高校新课程设置需要。

▸ 三结合：相关企业制作经验、教学实践和社会岗位职业标准紧密结合。

▸ 三联系：理论知识、对应项目流程和就业岗位技能紧密联系。

▸ 三适应：适应新的教学理念，适应学生现状水平，适应用人标准要求。

▸ 技术新、任务明、步骤详细、实用性强，专为数字艺术紧缺人才量身定做。

▸ 基础知识与具体范例操作紧密结合，边讲边练，学习轻松，容易上手。

▸ 课程内容安排科学合理，辅助教学资源丰富，方便教学，重在原创和创新。

▸ 理论精炼全面、任务明确具体、技能实操可行，即学即用。

动漫游戏系列教材编委会

前　　言

　　游戏作为一种现代娱乐形式，正在世界范围内创造巨大的市场空间和受众群体。我国政府大力扶持游戏行业，特别是对我国本土游戏企业的扶持，积极参与游戏开发的国内企业可享受政府税收优惠和资金支持。近年来，国内的游戏公司迅速崛起，而大量的国外一流游戏公司也纷纷进驻我国。面对飞速发展的游戏市场，我国游戏开发人才储备却严重不足，与游戏相关的工作变得炙手可热。

　　目前，在我国游戏制作专业人才缺口很大的同时，相关的教材也不多。而本书定位明确，专门针对游戏制作过程中的角色制作定制了相关的实例。所有实例均按照专业要求制作，讲解详细、效果精良，填补了游戏角色制作专业教材的空缺。

　　本书内容丰富、结构清晰、实例典型、讲解详尽、富于启发性。与上一版相比，本书添加了游戏角色中具有代表性的"第4章网络游戏中多足NPC角色设计——蜘蛛的制作"一章，对于该章贴图绘制部分，采用了目前最先进的在三维模型上直接绘制贴图的方法。从而使全书游戏角色的实例更加全面，结构更加合理，更便于读者学习。

　　全书共分4章，第1章分析了游戏角色，讲解了游戏角色设计技法；第2章详细讲解了简单四足NPC动物——犀牛的制作技巧；第3章详细讲解了两足男性角色的制作方法；第4章详细讲解了多足动物——蜘蛛的制作方法。所有实例的制作方法均是由从事多年游戏设计的优秀设计人员和骨干教师（中央美术学院、中国传媒大学、清华大学美术学院、北京师范大学、首都师范大学、北京工商大学传播与艺术学院、天津美术学院、天津师范大学艺术学院、河北艺术职业学院）从教学和实际工作中总结出来的。

　　为了便于大家学习，本书的配套光盘中包含了全部实例的多媒体影像文件。

　　参与本书编写的人员有王世旭、张凡、刘若海、李岭、谭奇、冯贞、顾伟、李松、程大鹏、郭开鹤、关金国、许文开、宋毅、李波、宋兆锦、于元青、孙立中、肖立邦、韩立凡、王浩、张锦、曲付、李羿丹、刘翔、田富源等。

动漫游戏系列教材编委会

目　　录

3ds max + Photoshop

第1章　游戏角色设计分析

1.1　游戏角色剖析

　　游戏角色是游戏美术制作环节中工作量最大，涵盖内容最多、最广的部分，所以，设计者只有掌握一套灵活、完整的制作方法才能更加游刃有余。

1.1.1　人体解剖基础概述

　　角色建模是游戏美术中最具挑战性和创造性的一项工作。要想很好地塑造人物形象，就必须掌握人体解剖学的有关知识。实践证明，在塑造人物形象时，如果缺乏解剖学知识的引导，往往会感到无从入手。有时只是能勉强地塑造出人物的形象，而不是完成理想的作品。因此，对医用解剖学知识的学习，是非常重要和必要的。本章从游戏角色建模的角度出发，向读者介绍游戏角色建模常用的一些医用解剖学的基础知识。

1. 人体比例

　　人体是一个有机联合体。现在通用的人体的整体比例关系是以自身的头高长度为单位来测量人体的各个部位。每个人的长相、高、矮、胖、瘦不尽相同，其比例形态也因人而异。如果以生长发育正常的男性中青年平均数据为基准，其比例高度为7个半头。

　　（1）基本人体比例

　　7个半头的人体比例分段如下：

- 头自高。
- 下巴到乳头。
- 乳头到脐孔。
- 脐孔到耻骨联合下方。
- 耻骨联合到大腿中段下。
- 腿中段下到膝关节下方。
- 膝关节下方到小腿3/4处。

男性中青年人体比例如图1-1所示。

　　假如难以确定被描述的游戏角色的高度（头被遮挡或是戴着帽子），可以采用从下往上量的方法，即7个半头高的人体，足底到髌骨为两个头高；再到髂前上棘是两个头高；再到锁骨又是两个头高；剩下的部分为一个半头高。当然，在实践中不一定是从下往上量的，这实际上是一种以小腿长度为单位的测量方法。手臂的长度是3个头长，前臂是1个头长，上臂是4/3头长，手是2/3个头长，肩宽接近两个头长，庹长（两臂左右伸直成一条

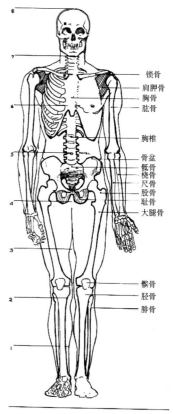

锁骨
肩胛骨
胸骨
肱骨

胸椎

骨盆
骶骨
桡骨
尺骨
股骨
耻骨
大腿骨

髌骨
胫骨
腓骨

图1-1　男性中青年人体比例

直线的总长度）等于身高，第七颈椎的臀下弧线约 3 个头高，大转子之间 1 个半头高，颈长
1/3 个头高。

一般来说，个子越高，其四肢就越长；个子越矮，其四肢就越短。

（2）男女人体比例

男性与女性之间有比较明显的形体特征。在进行角色设计的时候，一定要注意强化男
性与女性之间的差异。

成年男性身高为 7 个半头高，其中，脖子到腰加半个头为 3 个头高。身材高大的男子
为 9 个头高，即脖子到腰 3 个半头高，臀部到脚底 4 个半头高，头部 1 个头高。男性肩较宽，
锁骨平宽而有力，四肢粗壮，肌肉结实饱满，外形可以用倒梯来概括。

成年女性身高为 7 个头高，其中，头部 1 个头高，脖子到腰是 2 个半头高，臀部到脚
底为 3 个半头高。如果矮小女子的身高为 6 个头高，其中脖子到腰、臀部到脚底各减半头。
女性肩膀窄，坡度较大，脖子较细，四肢比例略小，腰细胯宽，胸部丰满。男女身体比例和
外形的区别如图 1-2 和图 1-3 所示。

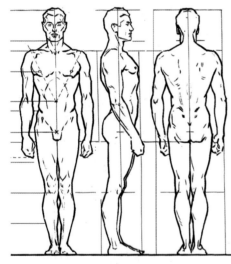

图 1-2　男性身材外形比例　　　　　图 1-3　女性身材外形比例

（3）儿童和老年人体比例

儿童的头部较大，身高的一般比例为 3 ~ 4 个头高。同时四肢比较短小，手臂长度一
般只能达到胯部，腿也比较短，而头部无论是从宽度还是高度上都占有比较高的比例。儿童
由于性未成熟，因而男女形态差异较小。儿童颈部和腰部的曲线不如成年人明显，年龄越小
越显得平直、浑圆。

老年人身高比青年时要矮，往往不足 7 个半头高。身材比例较成年人略小一些，头部
和双肩略近一些。老年人会有一定的驼背现象，腿部稍弯曲，步伐也会显得有些蹒跚。老年
人的这些身体特征，在设计游戏角色时需要特别注意。

（4）不同人种的人体比例

由于人类种族不同，反映在人体上的体型就有些差别。从地域上划分，与亚洲人相比，
欧洲人的身高比例更大。就身高来说，欧洲人比亚洲人高，而非洲人处于欧洲人和亚洲人身

高之间。

人体比例的种族差别主要反映在躯干和四肢长短上的不同。总体来说，白种人躯干短、上肢短、下肢长，黄种人躯干长、上肢长、下肢短，黑种人躯干短、上肢长、下肢长。人体比例在种族上的差别，女性比男性明显。

（5）不同体型的人体比例

人体体型的个性特征，大体可分为均匀、胖和瘦。这3种类型的区别，首先决定于骨骼的差别，其次是肌肉和脂肪。匀称的人体骨骼粗细中等，腹部长度和宽度比例适中。胖人的皮下脂肪较多，主要分布在肩、腰、脐周、下腹、臀、大腿、膝盖和内踝上部等，身体一般呈橄榄形，腹大腰粗。面颊因脂肪多而呈"由"字形或"用"字形，有双下巴。较瘦的人体骨骼纤细、胸部长而窄，骨骼的骨点、骨线显于体表。瘦人的脊椎曲线一般都呈"弓"形，颈前凸明显而腰前凸不明显。勾腰杠背，骨形显露。另外还有健壮型的人体，均骨骼粗大、肌肉结实。

需要注意的是，女子再瘦，其胸脯和臀部的造型依然呈现出女子的形态；男子再胖，也不可能有丰满女子隆起的胸脯和臀部。胖男子腰粗，丰满的女子由于臀部脂肪加厚而显得腰更细。胖男子曲线简单，丰满的女子曲线大、节奏感强。

（6）人体黄金比例

人体黄金比例是意大利的著名画家达·芬奇提出的人体绘画规律。标准人体的比例表现为头部是身高的 1/8，肩宽是身高的 1/4，平伸两肩的宽度等于身长，两腋之间的宽度与臀部宽度相等，乳房与肩胛下角在同一水平上，大腿正面厚度等于脸的厚度，跪下的高度减少身高的 1/4。

所谓黄金分割定律，是指把一定长度的线条或物体分为两部分，使其中一部分与全长之比等于其余一部分与这部分之比，这个比值是 0.618:1。就人体结构的整体而言，肚脐是身体上下部位的黄金分割点，肚脐以上的身体长度与肚脐以下的比值也是 0.618:1。人体的局部也有 3 个黄金分割点：一是喉结，它所分割的咽喉至头顶与咽喉至肚脐的距离比也是 0.618:1；二是肘关节，它到肩关节与它到中指尖的距离之比也是 0.618:1；此外，手的中指长度与手掌长度之比，手掌的宽度与手掌的长度之比，也是 0.618:1。牙齿的冠长与冠宽的比值也与黄金分割的比值十分接近。当然，以上比例只是一般而言，对于不同的个体来说，其各部分的比例有所不同。正因为如此，才有千人千面，千姿百态。

2. 面部比例

人的面部由头面部的各种器官按不同长短比例关系组合而成。

正常人的面部常有4种形态，即圆形、方形、椭圆形和长形。也有人区分为"田、由、国、用、目、甲、风、申"等形态，目前比较公认的是椭圆形即鹅蛋形脸最俊美，方形脸则显得比较刚毅，圆形脸显得憨厚，长形脸给人以精明、能干的感觉。

人面部的三庭、五眼、三均的比例关系，如图1-4所示。

三庭，是指上自额部发际缘，下至两眉间连线的距离为一庭；眉间至鼻底为第二庭；鼻底至下颌缘为第三庭。这三

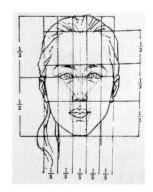

图1-4　三庭、五眼、三均示意图

3ds max + Photoshop

庭比例相同，各占面长的1/3。五眼，是指眼裂水平的面部比例关系，两只耳朵中间的距离为五只眼睛的长度。在两侧眼裂等长的情况下，两内眼角的宽度是一只眼长的距离。鼻梁低平时，两眼间距显示较宽，单眼皮的人多存在上述情况。从两侧外眼角至发际缘又各是一只眼长的距离。三均，在口裂水平方向，面宽是口裂静止时的长度（正面宽）的3倍，而且比较协调。下颌角宽大或咬肌肥厚的人，从正面看，面宽就超过三均比例。

如图1-5所示，成年人眼睛在头部的1/2处，儿童和老年人略在1/3以下。眉外角弓到下眼眶，再到鼻翼上缘，三点之间的距离相等，两耳在眉与鼻尖之间的平行线内。这些普通化的头部比例只能作为角色建模时的参考，最重要的是在实践中灵活运用，正确区别不同的形态结构，才能体现所描述对象的个性特征。

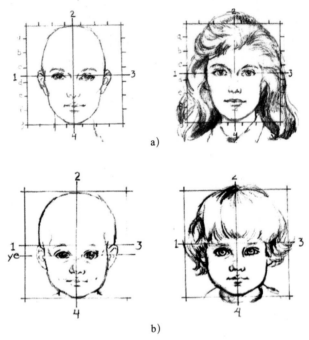

图1-5　成年人与儿童的面部形态区别
a）成年人脸部（正面）　b）小孩脸部（正面）

3. 五官形态

（1）眼

眼睛由瞳孔、角膜、眼角组成球形嵌在眼窝里，上、下眼睑包裹在眼球外，边缘长有睫毛，呈放射状。上眼睑，睫毛较粗长、向上翘，下眼睑睫毛细而短、向下弯。两只眼球的运动是联合一致的，视点在同一方向上，由于头部的扭动，眼睛出现了不同的透视变化。眼睛形状不同，有圆、扁、宽、双眼皮、单眼皮等区别。年龄段不同，眼睛的形状也不同。有的人内眼角低，外眼角高；有的人内外眼角较平，应认真注意区分。

眼窝（或称眼眶）里面被厚重的额角所支撑，颧骨在其下方进一步起到支撑的作用。眼睛位于眼窝内，眼球的形状有点圆，暴露在外的部分有瞳孔、虹膜、角膜和白眼球。角膜是一层透明物质，覆盖在虹膜上，就像手表上面的水晶表壳，这也是眼睛前面轻微凸出的原因。

（2）眉

眉头起自眶上缘内角，向外延展。越眶而过称为眉梢，分上、下两列，下列呈放射状，内稠外稀；上列覆于下列之上，气势向下。内侧直而刚，并且常因背光而显得深暗；外侧呈弧形，因受光显得轻柔弯曲。人的眉毛形状、走形、浓淡、长短、宽窄都不尽相同，是显示年龄、性别、性格、表情的有力标志。

（3）鼻子

鼻隆起于面部，呈三角状（如图1-6所示），由鼻根和鼻底两部分组成。鼻上部的隆起是鼻骨，它小而结实，其形状决定了鼻子的长、宽等。鼻骨下边连接鼻软骨和鼻翼软骨。鼻翼可随呼吸或表情张缩。鼻子的形状因人而异，有高的、肥厚的，也有尖细的或扁平的，都是形象特征的概括。鼻子的软骨部分能动，笑的时候鼻翼上升，呼吸困难时鼻孔张开，表示厌烦时鼻孔缩小，表示轻蔑时鼻翼和鼻尖上翘。鼻子表面的皮肤还可以皱起来。

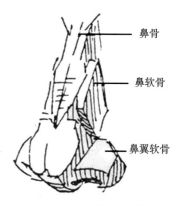

图1-6 鼻子的结构

（4）嘴

如图1-7所示，嘴唇由口轮匝肌组成，上下牙齿生在半圆形的上下颌骨齿槽内，外部呈圆形，上唇中间皮肤表面有条凹，称为人中。嘴唇的表面有唇纹，各人的唇纹形状不同。椭圆形的口腔周围有肌肉纤维（口轮匝肌）在嘴角处交织叠合，使皮肤收缩附着在嘴柱上。嘴边边缘的皮肤有一条皱纹，是从两侧鼻翼延伸下来的，这条皱纹向下同下颌裂纹融合，由这块肌肉伸展出各种不同的面部表情肌肉。比较来看，嘴唇有很多形状：厚嘴唇、薄嘴唇、嘴唇向前凸的和嘴唇向后缩的。每种形状还可以比较着看，如直的、弯曲的、弓形的、花瓣形的、后撇嘴的及扁平的。

（5）耳朵

耳朵由外耳轮、内耳轮、耳屏、对耳屏、耳垂组成，是软骨组织，具有一定的弹性，形似水饺。耳朵斜长在头部的两侧。耳朵与面部相接处在下颌上方的那条线上。耳朵的结构如图1-8所示。

耳朵有3个平面，用两条从耳洞向外放射的线分割出来表示，第一条线表示平面中下降的角，第二条线表示平面中上升的角，如图1-8所示。

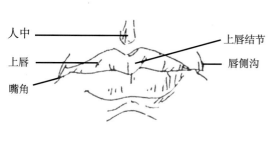

图1-7 嘴的结构

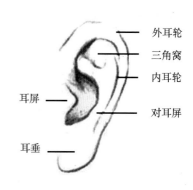

图1-8 耳朵的结构

1.1.2 游戏角色的区分

随着制作水准的不断提高，计算机性能的不断升级，游戏的可操作性与画面质量已经成为一款成功游戏的衡量标准。而主机游戏（次世代游戏）与 PC 游戏之间的竞争加剧，也使得游戏公司不断开发出画面风格迥异的游戏作品，希望以此来吸引不同口味的玩家们。

作为一名从事游戏美术工作的模型设计师，需要对不同风格的游戏角色有必要的了解。本节将选取一些典型的游戏角色作品（Q 版、欧美、日韩），为大家做简要介绍。

1. 不同美术风格的游戏角色

（1）卡通风格的游戏角色

卡通风格的游戏角色在人体结构的变形上取舍很大。这样夸张的特点使画面的视觉元素比较单纯，玩家所接受的信息量就相对减少，符合儿童与女性玩家心理的适应和承受能力。

在卡通风格的游戏中，人物的身材比例通常会缩小到 6 个头高以下，甚至只达到两个头高。如图 1-9 和图 1-10 所示为两个不同的卡通角色，可以看出卡通角色的身材比例特点。

图 1-9 游戏《最终幻想 9》角色 1　　　图 1-10 游戏《最终幻想 9》角色 2

卡通风格的游戏角色，在五官上的夸张变形是最为明显的，尤其是眼睛。作为心灵的窗口，眼睛在所有卡通人物形象中几乎都被夸张得非常大，甚至占到整个面部的 1/2。大眼睛可以使卡通角色们看起来更加可爱和有趣。而相对的在五官中，鼻子则被夸张变小，小而翘的鼻子同样可以使角色的年龄看上去比较小，这样的角色更有亲和力，也更符合低龄玩家和女性玩家的审美。如图 1-11 和图 1-12 所示为卡通风格的游戏角色。

（2）写实风格的游戏角色

写实风格的人物设计，虽然也有夸张和变形，但还是在遵循正常人体比例的基础上有节制、有目的地进行适当的调整，所绘制出的形象符合一般大众心理认同的标准，即要有形象的真实感和现实感。如图 1-13 和图 1-14 所示为写实风格的游戏角色。

图 1-11 游戏《蓝龙》中的角色 1

图 1-12 游戏《蓝龙》中的角色 2

图 1-13 游戏《生化危机》中的角色

图 1-14 游戏《鬼屋魔影》中的角色

（3）唯美风格的游戏角色

唯美风格的设计思路与写实风格基本相似。之所以分开说明，是因为该风格的人物设计以日韩游戏居多。该类游戏中的角色画质精美、服饰精致、动作华丽，很受青少年玩家的喜爱。如图 1-15 和图 1-16 所示为唯美风格的游戏角色。

图 1-15 游戏《光明之风》中的角色

图 1-16 游戏《火焰之纹章》中的角色

2. 不同角色的地位（主角、BOSS、NPC）

在一款游戏中，角色的重要作用是不言而喻的，没有角色的游戏就好像没有演员的电影一样。这些包括主角、NPC（Non-Player-Controlled Character，非玩家控制角色）、BOSS（大头目或老板）（如图1-17～图1-19所示）等在内的游戏角色将游戏的故事情节、娱乐文化、画面品质有效地贯穿一线，深深地吸引着玩家们，是决定一款游戏长盛不衰的重要因素之一。

图 1-17　游戏《生化危机 4》中的主角 LEON

图 1-18　游戏《生化危机 4》中 NPC 女角色 ADA

图 1-19　游戏《生化危机 4》中的 BOSS 村长

3. 不同游戏平台

目前常常被称为次世代主机的代表机型是 PS3、XBOX360 和 WII。众所周知，从画面品质与程序运算能力来讲，次世代主机游戏（如图1-20～图1-22所示）比 PC 游戏（如图1-23所示）具有明显的优势。而随着硬件更新及国外高级程序引擎的不断优化，PC 游戏也在不断提高着画面品质与视觉冲击感。

图 1-20　PS3 游戏《蝙蝠侠——阿克汉姆疯人院》中的主角

图 1-21　XBOX360 游戏《生化危机 5》中的主角

图 1-22 WII 游戏《疯兔 3》中的主角　　　图 1-23 PC 游戏《星际争霸 2》中的角色

1.2 游戏角色设计技法

游戏角色设计技法包括角色原画概念设定、原画和角色建模的关系两部分。

1.2.1 角色原画概念设定

原画设定属于美术领域，但并非传统的美术。随着网络游戏进入我国，原画作为游戏制作中所必需的一个环节逐渐在我国普及开来。优秀的游戏角色原画不仅可以为三维美术师提供参考和素材，同时也为游戏的市场推广提供有利的宣传素材。玩家会在相关游戏网站上首先看到各种宣传文案和角色原画。好的原画形象会立刻抓住玩家的心，使之期待游戏的发售。在本节中将为大家介绍一些经典游戏中出色的角色原画作品。

1.《铁拳》角色原画赏析

如图 1-24 所示，该角色为游戏中的男性角色，身穿红色上衣与吊带裤，留着颇具个性的胡子，充分显示出人物自信的性格。从比较胖的体型来看，该角色理论上应该是属于偏重投掷技能及近身技能的角色。但通过他的动作显示出实际上他的技能是打击技能。

如图 1-25 所示，该角色为《铁拳 6》的新入角色，身穿短式无袖牛仔套装，充分显示出该角色平时擅长体育运动。手上戴的护手及小腿上的护踝表明其喜欢的体育运动是自行车运动。

图 1-24 游戏《铁拳 6》角色原画 1　　　图 1-25 游戏《铁拳 6》角色原画 2

游戏角色设计

2.《魔兽世界》角色原画赏析

《魔兽世界》作为美国暴雪公司自制研发的欧美风格大作,其画面质量及受欢迎程度都达到了一个前所未有的高度。游戏中角色的设定充满个性,人类和怪物的形象都被刻画得栩栩如生,怪物设定充满想象力,在游戏中为玩家带来无与伦比的视觉冲击,如图1-26和图1-27所示。

图1-26　游戏《魔兽世界》角色设定1　　　　　图1-27　游戏《魔兽世界》角色设定2

怪诞的敌方角色形象,同样被设计得表情丰富。并且在原画艺术家的努力下,这些敌方角色也避免了千人一面的情况,使每一个小角色都有自己的形象和个性,如图1-28和图1-29所示。

图1-28　游戏《魔兽世界》怪物设定1　　　　　图1-29　游戏《魔兽世界》怪物设定2

3.《恶魔城 月下夜想曲》原画赏析

如图1-30所示为《恶魔城 月下夜想曲》中的最终BOSS德拉克拉伯爵角色形象,从他外黑内红的披风及以黑红为主色调的服装中可以看出他身份的尊贵。而身旁的蝙蝠和他苍白的脸色显示出他已经不是一个人类,而是一个高傲的吸血鬼。这样的身份和气质再配以华丽的服装充分说明了他作为系列最终BOSS的身份。

如图1-31所示的是《恶魔城 月下夜想曲》中的死神。骷髅面目,身穿长袍,手持镰刀,这是西方神话中死神的最大特色,身边缠绕的怨灵也说明该角色的邪恶。

1.2.2　原画和角色建模的关系

游戏角色是最具生命特征的游戏元素,因此也是最具表现力的。游戏任务角色设计就是要通过外在的形象来表现人物内在的精神气质和性格特征。游戏角色设计质量的高低影响整个游戏的生动性，进而影响玩家的置入感。在游戏开发中，角色原画绘制完成并确定后，就会交给三维美术设计师来按照原画制作模型和贴图。

角色原画的主要作用就是为三维美术提供建模参照和贴图参考，如图 1-32 和图 1-33 所示。

有些原画还可以直接为三维美术提供贴图素材，如图 1-34 和图 1-35 所示。

图 1-30　游戏《恶魔城 月下夜想曲》 图 1-31　游戏《恶魔城 月下夜想曲》 图 1-32　游戏《卓越之剑》
　　　　人物设定 1 　　　　　　　　　人物设定 2 　　　　　　　　　原画

图 1-33　游戏《卓越之剑》角色模型　图 1-34　游戏《龙士传说》原画　图 1-35　游戏《龙士传说》角色模型

1.3　课后练习

（1）简述不同风格游戏角色的特点。

（2）简述游戏角色的制作流程。

第 2 章　网络游戏中四足 NPC 动物设计
——犀牛的制作

在本章中主要讲解网络游戏中最普遍的 NPC——犀牛的设计和制作技巧。NPC 就是英文 Non-Player-Controlled Character（非玩家控制角色）的缩写，这个概念最早起源于著名的桌面角色扮演游戏《龙与地下城》，以后逐渐延伸到整个游戏领域。举个最简单的例子，在游戏中买卖物品时，需要单击的那个商人就是 NPC，还有完成任务时需要对话的人物等都属于 NPC。NPC 相对于其他的重要角色来说，制作方法要简单一些，所以，本书将它作为第一个实例进行讲解。

本章制作的 NPC 是一只犀牛，在制作的过程中参考照片来制作，并利用照片来制作贴图，这样更有利于初学者快速入门。本例最终完成的效果如图 2-1 所示。通过本章的学习，读者应掌握游戏中动物角色的美术表现技巧，并加深理解制作游戏 NPC 角色的方法。

图 2-1　NPC 犀牛效果

2.1　原画造型的设定分析

我们在制作游戏角色模型时，不管是动物还是怪物角色，在制作之前都要对所制作角色的形体、造型及所生活的环境等进行仔细的分析，在充分了解以后给角色绘制出基本的结构图，以便在以后的制作中准确地把握形体并合理利用贴图资源，更好地对角色细节进行刻画。

在设计动物原画时，要尽量多收集素材，参考一些优秀的图片资源，如不同地区、不同环境等的变化及优秀的动物造型模板等。下面展示两张素材图片，图 2-2 为犀牛在野外生活的照片，可以通过这张图来了解犀牛真正的神态气质。图 2-3 是犀牛在动物园的照片，虽然动物园中的犀牛没有了在野外的雄风和彪悍，但是在动物园拍的照片相对要清楚得多，各种角度都能看得清楚，因此，可选用这张照片来作为制作的参考和贴图的素材。

图 2-2　野外环境下的犀牛

图 2-3　动物园中的犀牛

　　在本实例的制作中，没有专门进行手绘的原画设计，在制作中主要是参考照片来制作，这样减小了制作的难度，在实际工作中也是一个比较取巧的方法。在参照照片来制作时要注意：一定要按照游戏的整体风格对要制作的 NPC 动物进行设计定位，不能完全照搬照片。

　　在制作犀牛角色的过程中，首先是参考照片确定动物的基本比例结构，然后按照从整体到局部、由大体到细节的制作方式，进行整体的规划和设计，把握整体的制作效果。最后也可以对一些细节部位进行单独绘制，比如，头部这种在整个身体中比较重要的部位，就可以着重表现一下。

　　本例要制作的四足角色 NPC——犀牛的标准设定文案如下。

- 背景：此角色表现的是一个网络游戏中的城外 NPC，形态比较凶悍，属于游戏中的任务类 NPC。
- 特征：中等体型，攻击速度较快。
- 技能：此角色近战威力强，具备三连击的威力。

2.2　制作游戏中NPC动物角色的模型

　　在制作 NPC 动物模型时，一定要注意深入刻画身体结构与形体表现，因为它们可以直接影响后期的贴图及动画的制作品质，好的形体表现能够让角色充满生命力。同时，还要注意形体概括性的表现。因为网络游戏的模型在建模时要求使用尽量少的面数，所以，形体概括性的表现在游戏模型的制作中尤为重要，是重中之重。只有用尽可能少的面来表现 NPC

角色，才能使制作出来的 NPC 角色更概括、更简洁。

图 2-4 对犀牛的形体进行了简单的概括，并用直线将它们标示出来，下面在建模时就参考这张图进行制作。

图 2-4　建模参考

2.2.1　模型制作参考的设置

本章制作的犀牛将参考照片来制作，尤其是对于初学者，这样能入手更快，因此，要先把这个参考的照片设置好。

1）打开 3ds max 2012 软件，单击 （创建）命令面板下 （几何体）中的 平面按钮，并设置长、宽的分段数均为 4，如图 2-5 所示。然后在前视图中创建这个平面，创建完成的结果如图 2-6 所示。

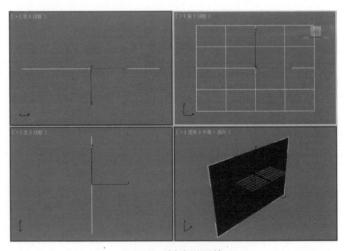

图 2-5　单击"平面"按钮　　　　　　　图 2-6　创建平面体

2）按〈M〉键，打开"材质编辑器"面板。然后选择一个空白的材质球，如图2-7中A所示，单击"漫反射"后面的■（添加贴图）按钮，如图2-7中B所示。接着在打开的"材质/贴图浏览器"对话框中选择"位图"选项，如图2-8所示，单击"确定"按钮。最后在弹出的"选择位图图像文件"对话框中打开"查找范围"下拉列表，如图2-9中A所示，找到配套光盘中的"原画\第2章　网络游戏中四足NPC动物设计——犀牛制作\建模参考.jpg"文件，如图2-9中B所示，单击"打开"按钮，即可打开这张图并关闭此对话框。

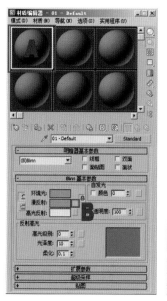

图 2-7　材质编辑器

图 2-8　选择"位图"

图 2-9　选择位图图像文件

3）回到"材质编辑器"面板中，确认当前选择是刚才选择过的那个材质球，如图2-10中A所示，然后单击■（将材质指定给选定对象）按钮，如图2-10中B所示，将材质赋予模型。接着单击"材质编辑器"面板中的■（在视口中显示标准贴图）按钮，如图2-10中C所示，在视图中显示出贴图效果，如图2-11所示。

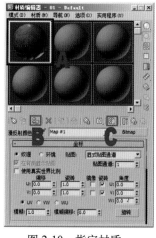

图 2-10　指定材质

图 2-11　贴图显示结果

4）此时显示出的贴图按照模型的大小进行了拉伸，因此看起来犀牛变高了。这样肯定不行，参考图是一定要绝对精准的。那么，下一步就来解决这个贴图拉伸的问题。方法：选择平面模型，进入 （修改）面板，如图 2-12 所示。然后执行"修改器列表"中的"UVW贴图"命令，如图 2-13 所示，将其加入修改器堆栈中。接着单击下方的"位图适配"按钮，如图 2-14 所示。最后在弹出的"选择位图图像文件"对话框中选择前面使用过的"贴图\第2章 网络游戏中四足 NPC 动物设计——犀牛制作\建模参考 .jpg"文件。

> 提示：　"位图适配"功能是以选择的图像为标准，调整贴图在模型表面显示的大小和形状，从而使贴图保持在绝对不拉伸的状态。这个功能是最能保证参考图不被改变的方法。

图 2-12　修改器列表　　　　图 2-13　选择"UVW 贴图"　　　　图 2-14　　"位图适配"按钮

5）经过"位图适配"后，犀牛的照片比例显示正常了，但是图片却进行了整体放大，以至犀牛角都延伸到了外边，如图 2-15 所示。下面就来解决这个问题。方法：进入 （修改）命令面板 "UVW 修改器"中的"Gizmo"层级，如图 2-16 所示，然后利用工具栏中的（选择并均匀缩放）工具调整"Gizmo"的大小，直到"模型参考"贴图能以最佳的大小显示在平面模型上，如图 2-17 所示。下面就可以使用这张图作为参照进行建模了。

图 2-15　位图适配的结果

图 2-16　选择"Gizmo"层级

图 2-17　调整"Gizmo"大小的结果

2.2.2　创建模型的概括形体

前面已经对犀牛模型的形体进行了概括，并将其用直线标示了出来，作为建模参考。下面就按照参考图中的边线来制作模型。

1）单击 命令面板下 中的"线"按钮，如图 2-18 所示。然后在前视图中沿着参考图中的线条进行绘制，当绘制结束时在开始点上单击，此时会弹出一个询问是否闭合样条线的对话框，如图 2-19 所示。单击"是"按钮，闭合曲线。

> 提示：在绘制"线"的时候，在每一个形体转折的"点"上单击，即可建立一个线上的"顶点"，这些"顶点"在建模时很重要，模型的布线主要就是依据这些"顶点"来完成的。如果有些读者朋友第一次绘制线的时候不够熟练，就按〈Delete〉键将它删除，然后再创建一次，这条线需多创建几次之后才能足够精准。在创建线的时候要注意首尾相连，绘制的结束点要与开始点重合。

图 2-18　"线"按钮

图 2-19　创建完成后闭合样条线

2）选择创建出来的这条线，然后进入 面板，执行"修改器列表"中的"挤出"命令，如图 2-20 所示。接着设置挤出的"数量"为"80"，"分段"数为"1"，如图 2-21 所示。

图 2-20　选择"挤出"修改器　　　　图 2-21　设置"挤出"参数

3）添加"挤出"修改器后，原本的二维样条线挤出了厚度，变成了实体的三维模型。下面选择该模型，然后右击，从弹出的快捷菜单中选择"转换为|转换为可编辑多边形"命令，如图 2-22 所示，将其转换为可编辑的多边形物体。

提示：转换为可编辑多边形物体后，即可对这个可编辑多边形进行自由控制。在游戏模型的创建中，基本上都通过此方法来完成。

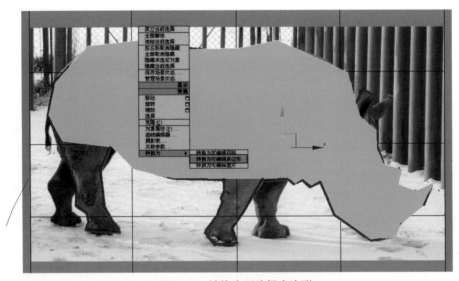

图 2-22　转换为可编辑多边形

4）利用"连接"命令连接顶点。方法：可编辑多边形物体含有"顶点"、"边"、"边界"、"多边形"和"元素"5 个层级，此时选择"顶点"层级，如图 2-23 中 A 所示，也可以单击如图 2-23 中 B 所示的 □（顶点）按钮来选择顶点，然后按住〈Ctrl〉键来加选两个顶点，再单击"连接"

按钮（快捷键〈Ctrl+Alt+E〉），如图 2-24 所示。从而在这两个选择的点之间连接出一条边，如图 2-25 所示。

> 提示：在连接顶点时需要两个点两个点地连接，而不要一下子选择多个顶点进行连接，那样可能会出
> 现意想不到的错误。

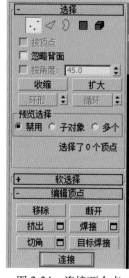
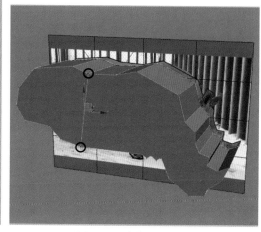

图 2-23　进入"顶点"层级　　图 2-24　连接两个点　　　　　图 2-25　连接后的结果

5）同理，继续连接其余顶点，直到把模型上面和下面的顶点都逐个连接起来，如图 2-26
所示。

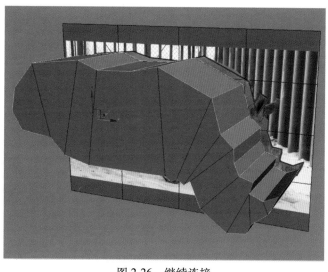

图 2-26　继续连接

6）"对称"出另一半模型。方法：执行"修改器列表"中的"对称"命令，然后进入"镜像"
层级，如图 2-27 中 A 所示，接着设置镜像轴，如图 2-27 中 B 所示。最后完成的效果如图 2-28
所示。

3ds max + Photoshop

提示：在建模的时候，可以先制作出模型的一半，然后利用"对称"修改器对称出模型的另一半。

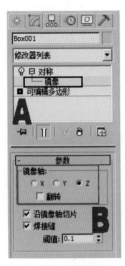

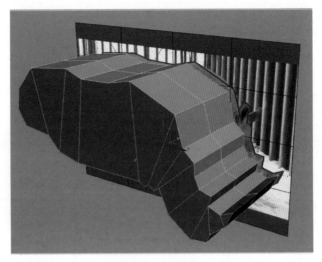

图 2-27　调节"对称"修改器　　　　　　　　　图 2-28　对称后的结果

7）制作犀牛侧面的体积感。方法：进入"可编辑多边形"的 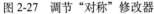（顶点）层级，然后单击 H（显示最终结果）按钮，如图 2-29 所示。再利用工具栏中的 ✛（选择并移动）工具调节模型的顶点，使犀牛身体的侧面更有体积感，这样就解决了犀牛身体的侧面只是一个平面，完全没有变化的尴尬局面。调节完成的结果如图 2-30 所示。

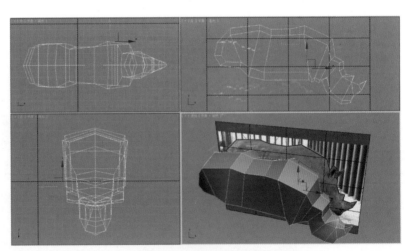

图 2-29　进入"顶点"层级　　　　　　　　　图 2-30　调节顶点的结果

8）挤出犀牛的四肢。方法：按下大键盘上的数字键〈4〉，进入"可编辑多边形"的"多边形"层级，如图 2-31 所示。然后选择犀牛身体底面的两个多边形，再单击"挤出"按钮，效果如图 2-32 所示。接着利用"挤出"工具挤出两个比原来更小一些的多边形，如图 2-33 中 A 所示。最后利用 ✛（选择并移动）工具移动这两个多边形，从而挤出犀牛的四肢，结果如图 2-33 中 B 所示。

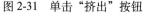

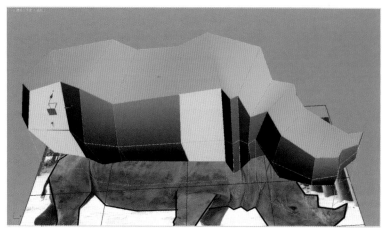

图 2-31　单击"挤出"按钮　　　　　　　图 2-32　"挤出"效果

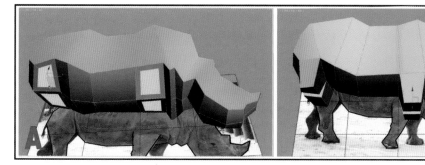

图 2-33　制作第一节前腿

提示：进入"可编辑多边形"的"多边形"层级的方法除了按大键盘上的数字键〈4〉，还可以通过单击■（多边形）按钮来实现。在选择底面的多边形时，虽然只选择了两个多边形，结果显示的却是四个多边形，这是"对称"修改器在发挥作用。

9）同理，继续使用"挤出"工具挤出那两个多边形，每次挤出之后都要使用 （选择并移动）工具调整这两个多边形的位置，如图 2-34 中 A 所示。然后利用 （选择并均匀缩放）工具来调整这些新挤压出来的多边形，如图 2-34 中 B 所示。

10）调整新创建出来的犀牛的四条腿，将腿部的关节和脚的大体形态表现出来，如图 2-35 中 A 所示。在腿部大体完成后，不要太过局限在一个局部，下面开始对头部进行加工。方法：首先选择头部的几个顶点，然后单击"连接"按钮，进行连接，连接完成后的结果如图 2-35 中 B 所示。

提示：如图2-35中B所示的这两条边将犀牛的头部和角之间做了一个转折，这样能够让犀牛角的形状更明确。

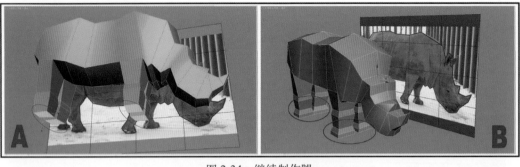

图 2-34　继续制作腿

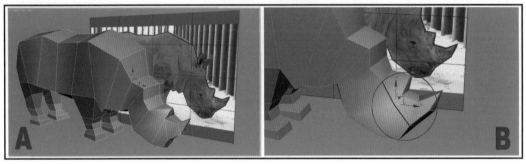

图 2-35　完成腿部并开始头部建模

11）按下大键盘上的数字键〈2〉，进入 ◁（边）层级。然后选择身体侧面的一排"边"，单击"连接"按钮，在这排边的中间连出来一条线，如图 2-36 中 A 所示。接着继续选择头部的"边"，将这排边也连接到一起，如图 2-36 中 B 所示。

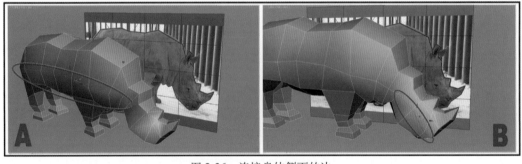

图 2-36　连接身体侧面的边

12）在制作游戏的角色模型时是不允许出现五边形的，必须将五边形拆开变成一个四边形和一个三角形。下面按下大键盘上的数字键〈1〉，进入"顶点"层级，选择五边形中的两个顶点。然后单击"连接"按钮，将两个顶点连接成一条线，如图 2-37 中 A 所示。

13）制作耳朵根基的多边形。方法：继续连接出两条边，如图 2-37 中 B 所示。这两条边连接完成后能够形成两个三角形，其中偏上的一个三角形就是耳朵的根基。

14）按下大键盘上的数字键〈4〉，进入"多边形"层级。然后选择用来制作耳朵根基的多边形，如图 2-38 中 A 所示。然后单击"挤出"按钮，利用"挤出"工具将这个三角形挤成近似耳朵的模样，如图 2-38 中 B 所示。

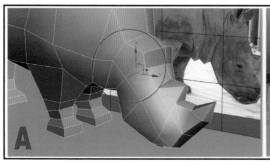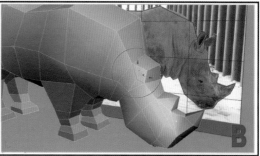

图 2-37 修整头部

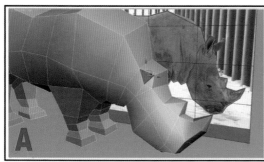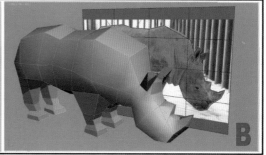

图 2-38 制作耳朵

15）制作尾巴根基的多边形。方法：按下大键盘上的数字键〈1〉，进入"顶点"层级。然后选择犀牛臀部最中间的那个顶点，单击"切角"按钮，如图 2-39 所示。接着利用"切角"工具将一个顶点切角成 4 个顶点，从而形成一个多边形，如图 2-40 中所示。这个多边形就是挤出尾巴的根基。

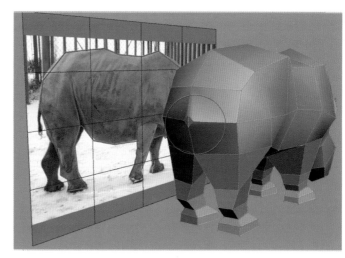

图 2-39 单击"切角"按钮　　　　　图 2-40 切角的结果

16）按下大键盘上的数字键〈4〉，进入"多边形"层级。然后单击"挤出"按钮，如图 2-41

所示。接着选择上一步切角形成的那个多边形，将其挤出，如图 2-42 所示。

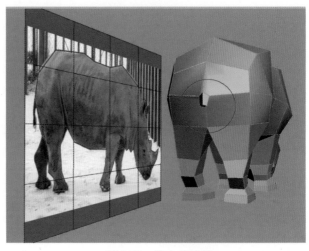

图 2-41　单击"挤出"按钮　　　　　　　　　　　图 2-42　挤出的结果

17）同理，继续应用"挤出"工具挤出尾巴上的多边形，并相应地配合▣（选择并均匀缩放）工具，调整这些新挤压出来的多边形，最后完成犀牛的尾巴，如图 2-43 中 A 所示。犀牛的尾巴做完之后，犀牛的整体模型就创建完了，如图 2-43 中 B 所示。

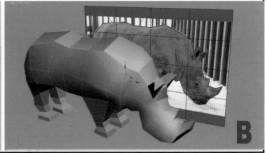

图 2-43　完成模型的形体概括

在这一小节中主要是解决犀牛的形体概括问题，最后再整体观察犀牛的模型，旋转视图仔细审视模型的各个角度。要求模型的形体特征一定要正确，细节留在 2.2.3 一节中继续添加。

2.2.3　添加模型的细节

这一小节主要是对 2.2.2 一节中创建的模型进行继续深化，其中包括要把形体的特征继续进行强化，把形体修整得更流畅。

1）按下大键盘上的数字键〈2〉，进入"边"层级。然后选择犀牛前腿纵向的 4 条边，单击"连接"按钮，从而在这 4 条边的中间横向连接出来一圈边，如图 2-44 中 A 所示。接着利用✛（选择并移动）工具向上移动这一圈边，完成的结果如图 2-44 中 B 所示。

提示：犀牛的皮肤很厚，就像一身坚硬的铠甲一般。在前腿的根部添加这一圈边就是为了创建出犀牛
　　　皮肤的堆积效果。在建模时要注意所表现对象的特征，并可以相应地放大这些特征。

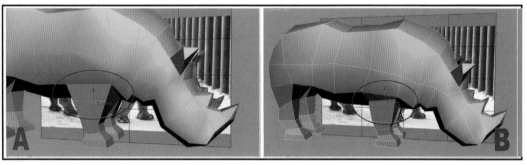

图 2-44　前腿根部的皮肤堆积

2）选择犀牛腰部横向的一圈边，然后单击"连接"按钮，在这圈边的中间添加一圈纵向的边，如图 2-45 中 A 所示。接着微调这圈边的位置，从而制作出犀牛腰部髋骨的转折，如图 2-45 中 B 所示。

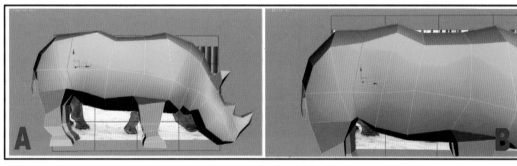

图 2-45　腰部髋骨的表现

3）在"边"层级，选择犀牛后腿纵向的 4 条边。然后单击"连接"按钮，在这 4 条边的中间横向连接出一圈边，如图 2-46 中 A 所示。接着利用 ▓ （选择并移动）工具向上移动这一圈边，从而创建出犀牛坚硬皮肤的堆积效果。完成的结果如图 2-46 中 B 所示。

图 2-46　后腿的皮肤堆积

4）由于挤出犀牛的尾巴，导致此时犀牛的臀部上有一个五边的多边形。前面已经说过，在游戏模型的创建中，五边形是不允许出现的。下面按〈Alt+C〉快捷键，激活"切割"工具。然后在犀牛的臀部和尾巴根部切割出来一条边，并相应地调整这条边的位置，如图 2-47 中 A 所示，从而解决这个五边形的问题。接着继续在后腿和屁股上切割出来一条整个贯穿的边，并把这条边的位置调整一下，从而使整个犀牛的后腿和臀部鼓起来，使它的形体看起来更流畅，完成的结果如图 2-47 中 B 所示。

> 提示：参考图有时会在旋转视图时给用户带来障碍，此时可以隐藏它。方法：选择参考图所在的平面
> 模型，然后右击，在弹出的快捷菜单中选择"隐藏当前选择"命令，即可隐藏参考图。

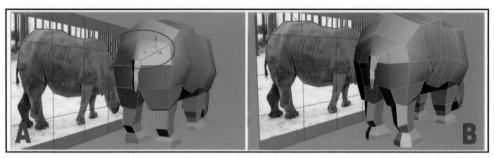

图 2-47　添加犀牛后部的细节

5）选择犀牛后腿内侧一排横向的边，如图 2-48 中 A 所示。然后单击"连接"按钮，利用"连接"工具在这些边的中间连接出来一条纵向的边，如图 2-48 中 B 所示。最后调整这些新添加出来的边，让后腿的内侧也鼓起来，让它的形体看起来更圆滑。

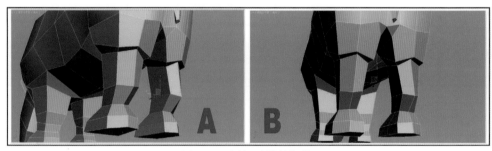

图 2-48　添加后腿的细节

6）选择犀牛前腿和肩部一排横向的边，如图 2-49 中 A 所示，然后单击"连接"按钮，利用"连接"工具在这些边的中间连接出来一条纵向的边，如图 2-49 中 B 所示。

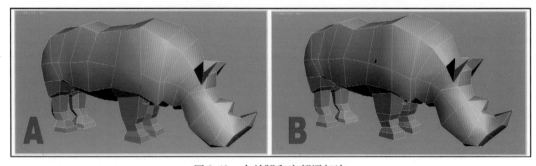

图 2-49　在前腿和肩部添加边

7）相应地调整这些新添加的边，让前腿整个鼓起来，从而使犀牛从侧面看起来更圆滑，如图 2-50 中 A 所示。然后在肩部相应地调整新添加边的位置，从而制作出肩胛骨的感觉。接着按〈Alt+C〉快捷键，激活"切割"工具，在肩胛骨的隆起处，连接出来一条边，如图 2-50

中 B 所示。

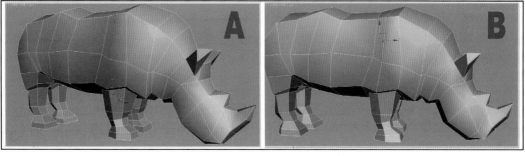

图 2-50　肩部的细节处理

8）选择肩部一条纵向的边，然后右击，从弹出的快捷菜单中选择"删除"命令，如图 2-51 中 A 所示，将这条边删除，结果如图 2-51 中 B 所示。

提示：右键快捷菜单中的"删除"命令是移除的意思，它和使用〈Delete〉键进行删除有很大的区别。如果使用〈Delete〉键删除，则会在模型的表面留下一个空洞；而如果使用鼠标右键快捷菜单中的"删除"命令，则只会移除选择的边，不会在模型表面留下空洞。

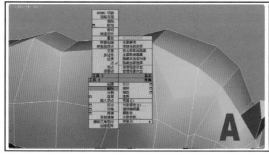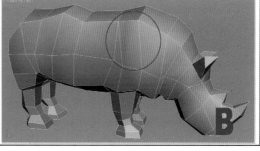

图 2-51　清理肩部的边

9）按下大键盘上的数字键〈1〉，进入"顶点"层级。此时会发现刚才删除边之后并没有把相应的顶点一起删除，如图 2-52 中 A 所示。下面右击这个多余的顶点，从弹出的快捷菜单中选择"删除"命令，从而将其删除。然后选择前腿横向的一排边，利用"连接"工具在前腿内侧连接出一条纵向的边，并相应地调整这条边的位置，从而使前腿的内侧鼓起来，如图 2-52 中 B 所示。

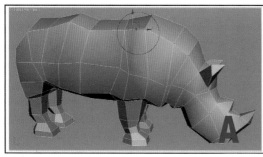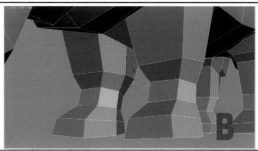

图 2-52　清理顶点并加工前腿内侧

10）选择头部横向的一排边，然后利用"连接"工具在这排边的中间连接出一条纵向的边，如图 2-53 中 A 所示。接着调节新添加出的边的位置，从而制作出犀牛下颌骨的转折。

11）进入"顶点"层级，在犀牛角的根部选择两个顶点。然后利用"连接"工具在两个顶点之间连接出来一条边，如图 2-53 中 B 所示。接着调节这条边的位置，让犀牛角和犀牛的头骨界限更清晰，从而突出犀牛角。

> 提示：在制作游戏角色模型的时候，一定要注意表现角色上最明显的骨点。所谓的骨点，就是指下颌骨、髋骨、肩胛骨等具有明显转折的骨头在角色表面上隆起来的部位。这些部位如果控制得好，就能让模型看起来更硬朗，是有骨架支撑的。如果一味地将模型表面进行平滑处理，那么最后出来的模型会感觉不到具有骨架支撑。

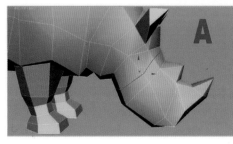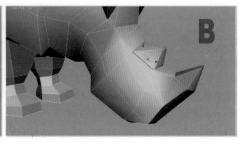

图 2-53　下颌骨和犀牛角的调节

12）选择犀牛嘴部横向的两条边，然后利用"连接"工具在这两条边之间连接一条纵向的边，如图 2-54 中 A 所示。接着相应地调节新添加边的位置，结果如图 2-54 中 B 所示。

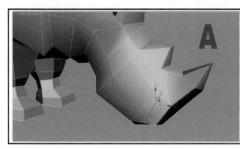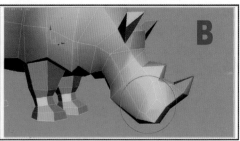

图 2-54　在嘴部添加边

13）制作犀牛嘴上唇和下唇的转折。方法：延伸刚才新添加出来的犀牛嘴部的边，如图 2-55 中 A 所示。然后调节这条延伸出来的边，将它向内移动，从而制作出犀牛嘴上唇和下唇的转折，如图 2-55 中 B 所示。

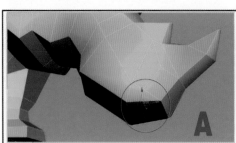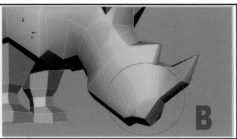

图 2-55　制作犀牛嘴

14）在犀牛角上添加一条纵向的边，如图 2-56 中 A 所示。然后调节这条新添加的边的位置，让犀牛角的侧面鼓起来，使其看起来形体更圆滑、更流畅，如图 2-56 中 B 所示。

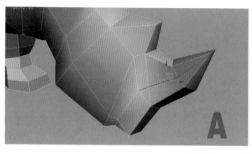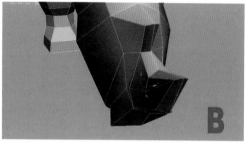

图 2-56　让犀牛角鼓起来

15）在犀牛的嘴部再添加一条边，如图 2-57 中 A 所示。然后相应地调节新添加边的位置，让犀牛嘴的上腭外形更明显，如图 2-57 中 B 所示。

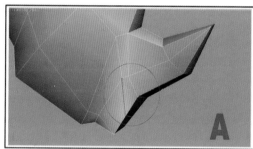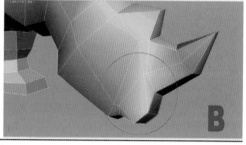

图 2-57　细化上腭

16）制作犀牛耳朵的转折。方法：选择犀牛耳朵上的一圈纵向边，如图 2-58 中 A 所示。然后利用"连接"工具在这些边的中间连接一条横向的边，如图 2-58 中 B 所示。接着调节这条新添加边的位置，从而制作出犀牛耳朵的转折。

提示：制作犀牛耳朵的转折，是为了避免耳朵因为简单而带来的生硬感。

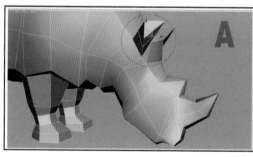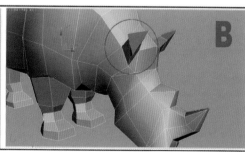

图 2-58　细化耳朵

17）制作犀牛膝盖的转折。方法：选择犀牛后腿一排纵向的边，然后利用"连接"工具在这些边的中间连接出一圈横向的边，如图 2-59 中 A 所示。接着调节这些新添加出来的边的位置，从而制作出犀牛膝盖的转折，如图 2-59 中 B 所示。

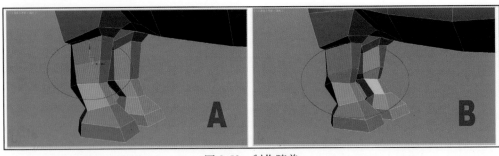

图 2-59　制作膝盖

18）选择犀牛后腿前面一排横向的边，然后利用"连接"工具在它们之间连接出一条纵向的边，如图 2-60 中 A 所示。接着将新添加的这条贯穿后腿的边向前移动，让后腿的前面鼓起来，如图 2-60 中 B 所示，从而使后腿的形状显得更饱满。

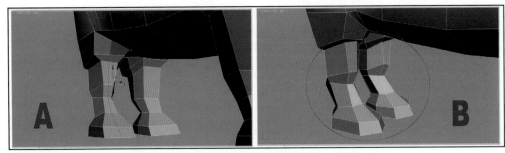

图 2-60　细化后腿

19）经过了再次细化的制作后，犀牛的模型除了一些概括的特征之外，还有了不少的细节，而且整个犀牛现在看起来是比较饱满的，如图 2-61 所示，没有了因为缺少细节而带来的生硬感觉。

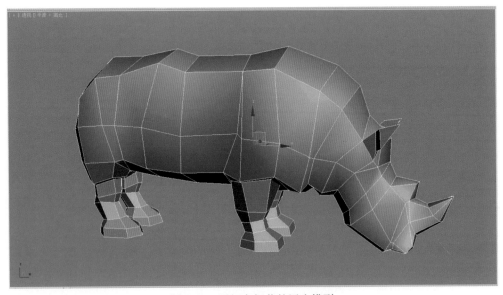

图 2-61　添加完细节的犀牛模型

2.2.4　对模型整体效果的调整

现在犀牛模型有了不少的细节，但是刚才的制作一直都比较重视局部，还没有对犀牛模型的整体效果进行调整。如果没有好的整体效果，再多的细节也不会有好的效果。下面开始对整体效果进行调整。

1）对模型进行自动平滑处理。方法：选择犀牛模型，然后按下大键盘上的数字键〈5〉，进入"元素"层级，如图 2-62 所示。接着选择犀牛模型所有的元素，在"修改"面板中单击"自动平滑"按钮，如图 2-63 所示。自动光滑后的效果如图 2-64 所示。

> 提示："自动平滑"其实是3ds max软件对模型表面进行的一种自动平滑显示。它可以在不增加模型面数的情况下，得到相对光滑的效果。游戏的引擎中也有类似的效果，因此在游戏中对模型进行自动光滑的操作有着特别广泛的应用。

图 2-62　进入"元素"层级　图 2-63　单击"自动平滑"按钮　图 2-64　光滑后的效果

2）当对模型进行光滑处理后，有些不合适的地方也就暴露了出来，比如，犀牛的前腿明显比身体的其他部位面数少，光滑的效果达不到要求。下面就对犀牛的前腿继续进行细化处理。方法：进入"边"层级，然后选择前腿中大腿部分的一排纵向边，如图 2-65 中 A 所示。接着利用"连接"工具在这些边的中间连接出一条横向的边，如图 2-65 中 B 所示。

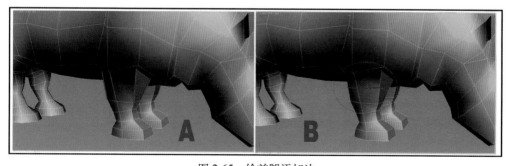

图 2-65　给前腿添加边

3）调节新添加的边的位置，从而使前腿的模型看起来更圆滑，如图 2-66 中 A 所示。然后选择犀牛前腿前面一排横向的边，如图 2-66 中 B 所示。利用"连接"工具在刚才选择的横向边中间添加一条纵向的边，如图 2-67 中 A 所示。接着移动这条边的位置，让它鼓起来，从来使犀牛的前腿更圆滑，如图 2-67 中 B 所示。

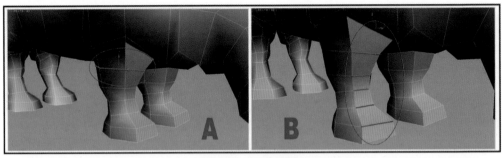

图 2-66　调节前腿

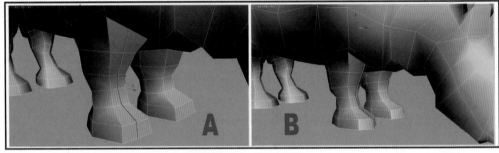

图 2-67　继续调节前腿

4）头部是整个身体中最重要的部分，现在犀牛头部看起来稍显简单，下面就对头部进行深入刻画。方法：首先在头部添加一条贯穿头部和犀牛角的边，并调节这条边的位置，如图 2-68 中 A 所示。然后在脖子处添加一条一直延伸到耳朵的边，并调节这条边到如图 2-68 中 B 所示的位置，从而丰富了脖子和耳朵的效果。

提示：在对头部进行再次深化处理时，如果需要参考图来做参照，可以通过右击快捷菜单中的"全部取消隐藏"命令，将参考图显示出来。

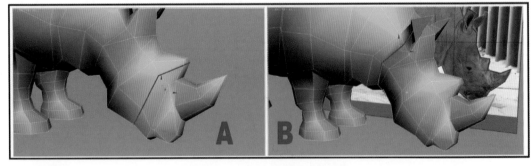

图 2-68　在角和脖子部位添加边

5）如图 2-69 中 A 所示的顶点是犀牛的颧骨点，这个点是头部很重要的一个骨点，在整体调整时，一定要把这个位置找准。在找准颧骨之后，继续在头部添加边，并调节边的位置，如图 2-69 中 B 所示。添加这条边的作用是为了让头部更圆滑，并相应地把颧骨表现得更明确。

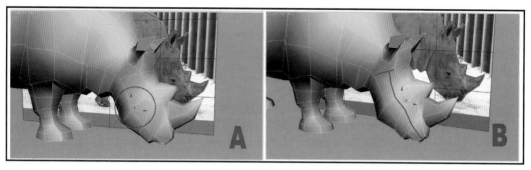

图 2-69　调整颧骨

6）犀牛的头骨有着明显不同于其他动物的特征，那就是额头跟犀牛角之间有一个比较明显的转折，有一个低洼的地方。下面在这个位置再添加一条边，并调整这条边的位置，让模型中额头下缘的转折更明显，如图 2-70 中 A 所示。最后再整体检查一下头部的外形，此时模型基本上表现出了参考照片上犀牛的样子，如图 2-70 中 B 所示。

图 2-70　添加并调整边的位置使额头下缘的转折更明显

7）至此，犀牛的模型就创建完成了，完成的结果如图 2-71 所示。

图 2-71　完成后的犀牛模型

2.3　为游戏中的 NPC 动物角色调整贴图坐标

在游戏中，如果要给模型绘制贴图，必须调整贴图坐标。贴图坐标控制着二维贴图怎么显示在三维模型上。举一个日常生活中最常见的例子，三维物体好比是地球仪，二维贴图好比是世界地图，而贴图坐标就是经纬度。目前创建的犀牛模型还没有贴图坐标，本节就来调整犀牛的贴图坐标。

2.3.1 调整动物角色贴图坐标的基础操作

1) 按〈M〉键，打开材质编辑器。然后选择一个空白的材质球，如图 2-72 中 A 所示。接着单击"漫反射"后面的▣（添加贴图）按钮，如图 2-72 中 B 所示。在弹出的 "材质/贴图浏览器"对话框中选择"棋盘格"贴图，如图 2-73 所示，单击"确定"按钮，从而将棋盘格贴图添加到漫反射通道。

2) 此时材质球如图 2-74 中 A 所示。下面设置贴图的平铺次数为"10"，如图 2-74 中 B 所示。然后单击▨（将材质指定给选定对象）按钮，如图 2-74 中 C 所示，将材质指定给视图中的犀牛模型。接着单击▨（在视口中显示标准贴图）按钮，如图 2-74 中 D 所示，在视图中显示贴图效果。

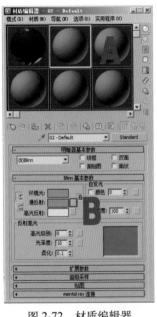
图 2-72　材质编辑器

图 2-73　选择"棋盘格"贴图

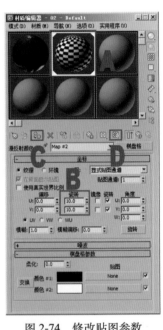
图 2-74　修改贴图参数

3) 此时视图中显示的格子大小略有不同（尤其是在犀牛的背部和腹部），这说明当前的贴图坐标是不正确的。下面执行"修改器列表"中的"UVW 展开"命令，如图 2-75 所示，将它添加进修改器堆栈中。

提示："UVW展开"修改器是调整贴图坐标的主要修改器。

4) 进入"UVW 展开"修改器的"面"层级，如图 2-76 所示。然后选择整个前腿，如图 2-77所示。

提示：此时选择的"面"层级是针对贴图坐标的，它和"可编辑多边形"中的"多边形"层级有很大的差别，注意不要混淆。

图 2-75　执行"UVW 展开"命令　　图 2-76　进入"面"层级　　　图 2-77　选择前腿部分

5）单击 (柱形贴图) 按钮，然后单击"对齐选项"选项组中的 (最佳对齐) 按钮，接着单击"适配"按钮，如图 2-78 所示。此时可以看到犀牛前腿的棋盘格贴图显示已经比较均匀了，如图 2-79 所示。

> 提示：单击 (柱形贴图) 按钮，是为了给选择的贴图坐标指定一个总体的柱形贴图坐标；单击"对齐选项"选项组中的 (最佳对齐) 按钮，是为了将柱形贴图坐标以最佳的方式进行对齐；单击"适配"按钮，是为了让软件自动调整"柱形"贴图坐标的大小。一般情况下，通过这3步操作，贴图坐标就已经没什么大的问题了。

图 2-78　调整贴图坐标　　　　　　　图 2-79　调整后的结果

6）同理，确认选择了"UVW 展开"修改器的"面"层级，然后选择犀牛的后腿模型，如图 2-80 所示。接着单击"柱形"按钮，再单击"对齐选项"选项组中的 (最佳对齐) 按钮，最后单击"适配"按钮。

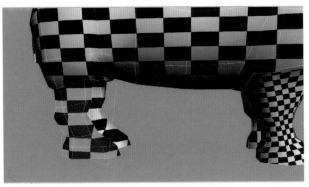

图 2-80　选择后腿

7）确认选择"UVW 展开"修改器的"面"层级，然后选择耳朵模型，如图 2-81 所示。接着单击 ▨（平面贴图）按钮，再单击"对齐选项"选项组中的 ↗（最佳对齐）按钮，最后单击"适配"按钮，如图 2-82 所示。

图 2-81　选择耳朵

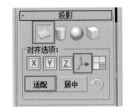

图 2-82　调整耳朵的贴图坐标

8）耳朵的形状比较特殊，不是一个标准的平面，如果利用柱形来概括有点不合适，因此，上一步中将耳朵的正面用一个平面形的贴图坐标来处理，如图 2-83 所示。下面再用一个平面形的贴图坐标来处理耳朵的背面，完成的结果如图 2-84 所示。

图 2-83　耳朵正面

图 2-84　耳朵背面

9）选择犀牛前脚的底面模型，如图 2-85 所示。然后为选择的部分指定一个 （平面贴图）坐标，并相应地调整到合适状态。接着选择尾巴模型，也指定一个 （平面贴图）坐标，如图 2-86 所示。

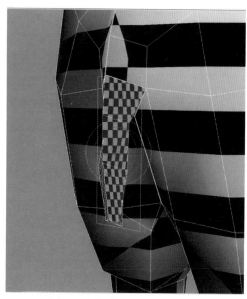

图 2-85　选择脚底面　　　　　　　　　图 2-86　调节尾巴的贴图坐标

10）选择后腿的脚底面模型，为其指定一个 （平面贴图），然后单击"对齐选项"选项组中的 Z 按钮，让这个平面对齐到 Z 轴。接着单击"适配"按钮，如图 2-87 所示，让软件自动调整平面的大小。最后完成的结果如图 2-88 所示。

图 2-87　调整脚底面的贴图坐标　　　　　图 2-88　调整完成的结果

11）确认当前选择的是"UVW 展开"修改器，如图 2-89 所示。然后单击"打开 UV 编辑器"按钮，如图 2-90 所示，打开"编辑 UVW"对话框。

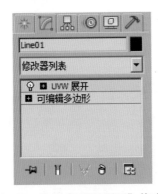

图 2-89　选择"UVW 展开"修改器　　　　图 2-90　单击"打开 UV 编辑器"按钮

12)　在打开的"编辑 UVW"对话框中，能看到在灰色的棋盘格上有很多白色交织的网状线，这就是已经调整过的贴图坐标。它们现在看起来很混乱，是因为单独调节过的前腿、后腿、脚底面等都被重叠在了一起。下面要逐个将它们分开。方法：首先激活 （按元素 UV 切换选择）按钮，然后单击 （多边形）按钮，进入"多边形子对象模式"，如图 2-91 所示。接着分别选择每个单独的元素，将它们从重叠状态移开，结果如图 2-92 所示。

提示：激活 （按元素UV切换选择）按钮，再选择贴图坐标，每选一次就是选择一整块元素，这样能快速地选择，大大提高调整贴图坐标的效率。

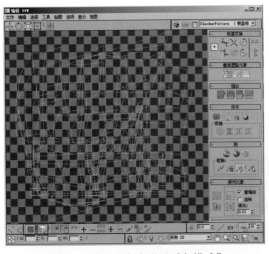

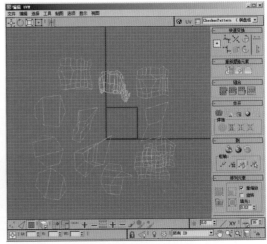

图 2-91　进入"多边形子对象模式"　　　　图 2-92　将重叠的元素移开

13)此时观察模型会发现棋盘格贴图在模型表面上的显示大小差别很大。下面利用"编辑 UVW"对话框中的 （缩放选定的子对象）工具，对每块元素贴图坐标的大小也进行调节，完成后的结果如图 2-93 所示。

14)此时犀牛身体的贴图坐标是一个整体的元素，贴图坐标是被整体拉长的。下面利用 （自由形式模式）工具来调整身体坐标的长宽比，调整完成的结果如图 2-94 所示。

提示：如果要判断贴图坐标的长宽比例是不是正常，只要观察棋盘格大小是否是正方形就可以了。

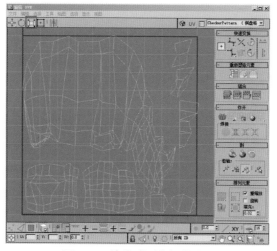

图 2-93　缩放贴图坐标的比例

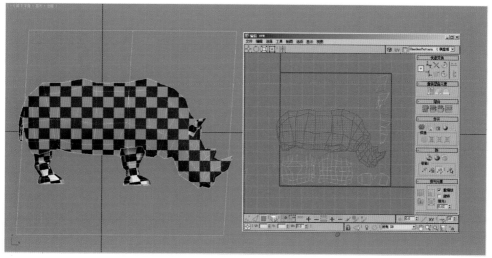

图 2-94　调节身体贴图坐标的长宽比例

15）取消 （按元素 UV 切换选择）按钮的激活状态，然后单击 （边）按钮，进入"边子对象模式"。接着选择犀牛脖子的一排纵向边，如图 2-95 所示。选择菜单中的"工具 | 断开"命令，如图 2-96 所示。将刚才选择的边断开，从而使身体和头部分为不同的两个部分，断开后的结果如图 2-97 所示。

> 提示：将身体和头部分开有两个原因。第一，头部是整个身体中最重要的部分，有必要将其单独分离
> 出来进行贴图坐标编辑；第二，整个犀牛的身体很长，如果再加上头部就会更长，太长的身体
> 贴图坐标会导致所有贴图坐标的元素再排列起来都很难。

16）在创建犀牛模型时，我们采用的是先制作出一半模型，然后再对称出另一半模型的方法。此时在进行贴图坐标的编辑时，也可以采用"对称"的方法。在"修改器列表"中找到"对称"修改器，并把它添加到修改器堆栈中，如图 2-98 所示。这样模型左右两边的贴图坐标就完全一样了。

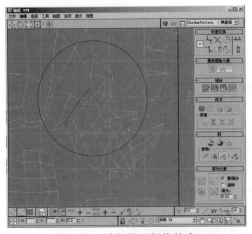

图 2-95　选择脖子部位的边

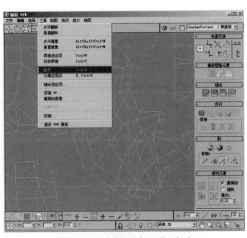

图 2-96　选择"断开"命令

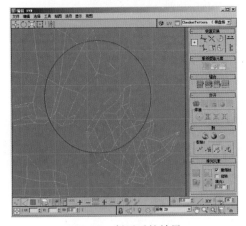

图 2-97　断开后的结果

图 2-98　添加"对称"修改器

17）在修改器堆栈上右击，从弹出的快捷菜单中选择"塌陷全部"命令，如图 2-99 所示，将所有的修改器塌陷成一个整体，这样已经对称过的贴图坐标也就包含在模型中了。下面为了继续更深入地编辑贴图坐标，再添加一个"UVW 展开"修改器，如图 2-100 所示。

图 2-99　选择"塌陷全部"命令

图 2-100　添加"UVW 展开"修改器

2.3.2　深入调整动物角色的贴图坐标

在 2.3.1 一节中将犀牛的贴图坐标进行了一次整理，把腿部、头部、尾巴等部位单独拆分了，并相应地调整了这些元素的比例。下面继续对这些元素进行更详细的调整。

1）选择身体部分的贴图坐标，然后单击　（顶点）按钮，进入"顶点子对象模式"。接着利用"编辑 UVW"对话框工具栏中的　（移动选定的子对象）工具，详细地调整身体的贴图坐标。尤其要注意的是，背部和腹部左右对称的接缝部位一定要调整均匀，还要注意在调整大腿根部的贴图坐标时要避免有重叠。如果有重叠部分，要利用　（移动选定的子对象）工具将这些重叠的顶点移开后进行平铺，最后完成的效果如图 2-101 所示。

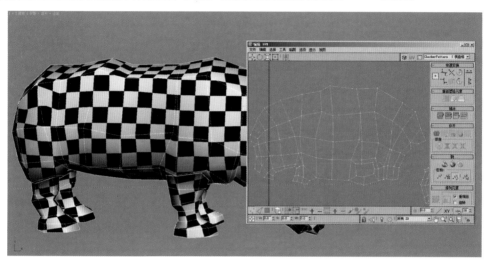

图 2-101　身体部分的贴图坐标调整结果

2）选择头部的贴图坐标，进入"顶点子对象模式"。然后利用"编辑 UVW"对话框工具栏中的　（移动选定的子对象）工具，详细地调整头部的贴图坐标，将头部的贴图坐标调整均匀，尤其是左右对称的接缝部位，完成后的结果如图 2-102 所示。

图 2-102　头部贴图坐标的调整结果

3ds max + Photoshop

3）选择前腿的贴图坐标，进入"顶点子对象模式"。然后利用"编辑UVW"对话框工具栏中的▦（移动选定的子对象）工具，详细地调整前腿的贴图坐标，将前腿的贴图坐标尽量调整均匀，尤其是左右对称的接缝更要格外注意，完成后的结果如图2-103所示。

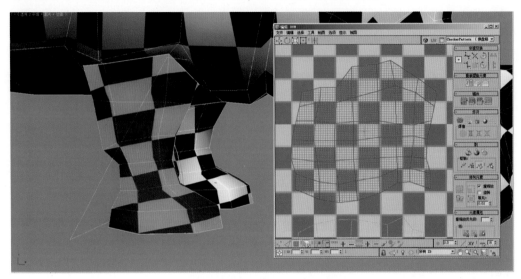

图2-103　前腿贴图坐标的调整结果

4）同理，选择后腿的贴图坐标，进入"顶点子对象模式"。然后利用"编辑UVW"对话框工具栏中的▦（移动选定的子对象）工具，详细地调整后腿的贴图坐标，完成后的结果如图2-104所示。

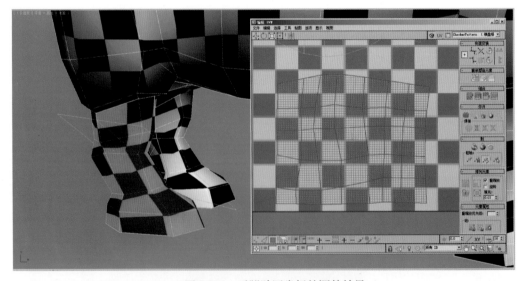

图2-104　后腿贴图坐标的调整结果

5）逐个将每个元素重新深入调整一遍之后，此时贴图坐标的拉伸现象已经基本解决。下面再调整一下各个元素的大小比例，调整时以棋盘格的显示为标准，要求棋盘格的大小一致，最后完成的结果如图2-105所示。

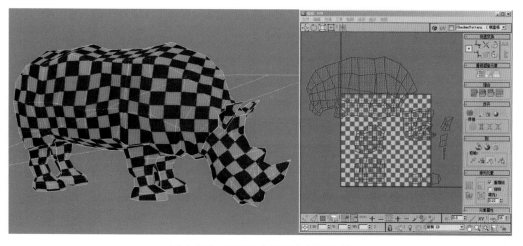

图 2-105　调整各个元素之间的比例

6）激活 (按元素 UV 切换选择) 按钮，然后选择贴图坐标的每个部分，将每个元素都放置在深蓝色的显示框中，如图 2-106 所示。接着将头部的贴图坐标整体放大，并相应地调整其他元素的位置，在最充分利用空间的前提下，将身体各个部分的贴图坐标都安置在深蓝色显示框中，如图 2-107 所示。最后调整完的贴图坐标如图 2-108 所示。

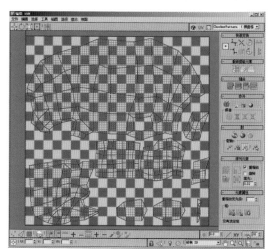

图 2-106　移动每个元素

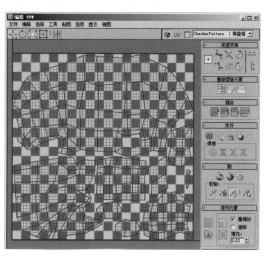

图 2-107　放大头部

图 2-108　调整完成的贴图坐标

3ds max + Photoshop

提示：头部在身体中是最重要的部分，因此可以将它的贴图坐标相应地放大，从而保证在绘制贴图时
能画出更多的细节。

7）是否完成的标准就是棋盘格的大小及形状是否相似，如果让棋盘格显示最大程度的
大小近似和形状近似，那么就可以说贴图坐标是正确的。

8）在"编辑UVW"对话框中，选择菜单中的"工具|渲染UVW模板"命令，如图2-109
所示。然后在弹出的"渲染UVs"面板中将渲染图的"宽度"和"高度"都设置为"1024"，
单击"渲染UV模板"按钮，如图2-110所示。将贴图坐标进行渲染，渲染出来的结果如图
2-111所示。接着单击 （保存图像）按钮，将渲染出来的UVW图像保存为"uvw.jpg"文件。
最后将3ds max文件保存为"犀牛_贴图坐标完成.max"。

图2-109 选择"渲染UVW模板"命令

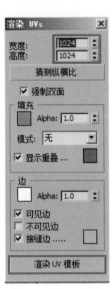

图2-110 渲染UV的设置

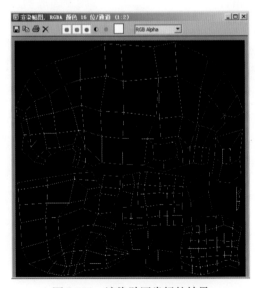

图2-111 渲染贴图坐标的结果

2.4 游戏中NPC动物角色的贴图绘制

在模型创建完成后，下面开始绘制犀牛的贴图。绘制时主要是以照片为素材，将照片复制到贴图中，这样制作出来的贴图效果比较符合原画，并且制作方法相对比较简单，比较适合初学的读者练习。

2.4.1 初步制作NPC动物角色的贴图

1）启动 Photoshop CS5 软件，按〈Ctrl+N〉快捷键，在弹出的"新建"对话框中设置文件的名字为"犀牛贴图"，然后设置文件的"宽度"和"高度"均是"1024"像素，分辨率是"72"像素 / 英寸，如图 2-112 所示，单击"确定"按钮。

2）将前景色设置为灰色，颜色参考值为 RGB（157，157，157），然后按键盘上的〈Alt+Delete〉快捷键，将文件填充为灰色，如图 2-113 所示。

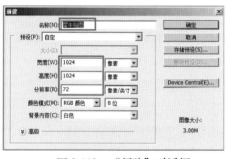

图 2-112 "新建"对话框

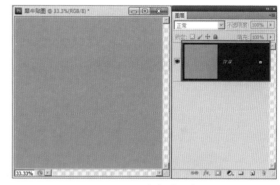

图 2-113 改变前景色

3）打开前面保存的"uvw.jpg"文件（该图片文件为配套光盘中的"贴图 \ 第 2 章 网络游戏中四足 NPC 动物设计——犀牛制作 \ uvw.jpg"文件），然后选择工具箱中的 ![移动工具] （移动工具），按住键盘上的〈Shift〉键，将"uvw.jpg"文件拖入刚才新建的"犀牛贴图 .psd"文件中。接着将新添加的图层重命名为"UV"，最后完成的结果如图 2-114 所示。

4）打开配套光盘中的"原画 \ 第 2 章 网络游戏中四足 NPC 动物设计——犀牛制作 \ 犀牛侧面 .jpg"文件（这是一张在建模时和参考图片几乎相同的文件，下面用它来制作犀牛的贴图）。然后利用工具箱中的 ![套索工具] （套索工具）选择出犀牛的躯干部分，如图 2-115 所示。

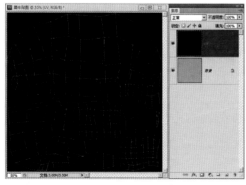

图 2-114 导入 uvw 贴图

图 2-115 利用 ![套索工具] （套索工具）选择出犀牛躯干的选区

5）按住〈Shift〉键，利用工具箱中的 ▶╋（移动工具）将被选择的犀牛躯干部分拖入到"犀牛贴图 .psd"文件中，如图 2-116 所示。

6）将新添加的图层重命名为"躯干"，然后按下〈Ctrl+T〉快捷键，调整躯干的大小，让其与贴图坐标相匹配，最后完成的结果如图 2-117 所示。调整完成后按〈Enter〉键进行确认。

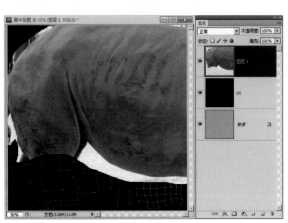
图 2-116　调入躯干素材

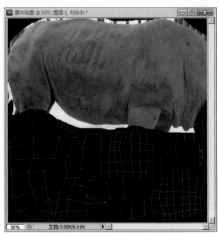
图 2-117　调整躯干的大小

7）将"UV"图层移动到所有图层的最上面，然后将图层的叠加方式改为"滤色"，如图 2-118 所示。

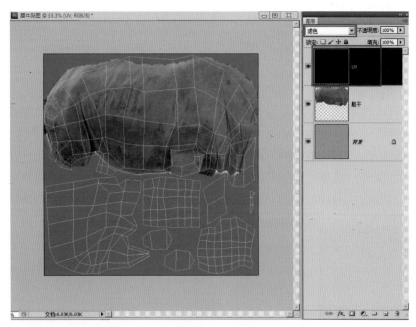
图 2-118　改变"UV"图层的叠加方式

8）选择"躯干"层，选择菜单中的"编辑|变换|变形"命令，此时在被选择的"躯干"图层上会出现很多的操纵点。下面调整这些操纵点，将躯干图像尽可能地与参考的 UV 对应，如图 2-119 所示。调整完成后按〈Enter〉键进行确认。

9）回到"犀牛侧面 .jpg"文件。利用工具箱中的 ⌕（套索工具）选择出犀牛的头部选区，如图 2-120 所示。

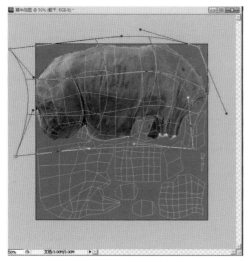

图 2-119　变形后的结果

图 2-120　创建犀牛头部选区

10）按住〈Shift〉键，利用工具箱中的 ⊹（移动工具）将选择的犀牛头部拖入到"犀牛贴图 .psd"文件中，并为新添加的图层重命名为"头部"，如图 2-121 所示。

提示：为了便于观看，此时可暂时关闭"躯干"图层的显示。

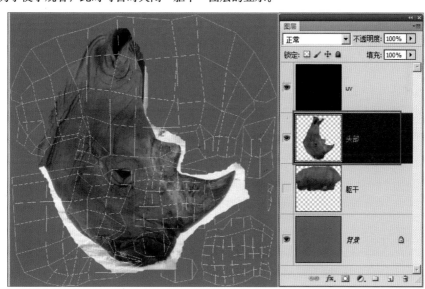

图 2-121　调入犀牛头部图像

11）利用工具箱中的 ⌕（橡皮擦工具）将犀牛头部边缘的白色清除干净，如图 2-122 所示。

12）按〈Ctrl+T〉快捷键，调整头部图像的大小，让其与贴图坐标参考图相匹配，完成的结果如图 2-123 所示。调整完成后按〈Enter〉键进行确认。

3ds max + Photoshop

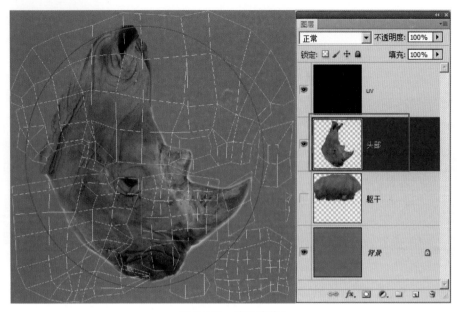

图 2-122　清除边缘

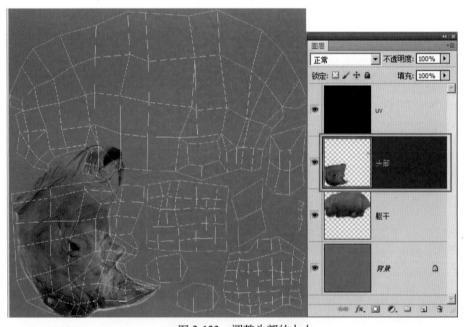

图 2-123　调整头部的大小

　　13）选择菜单中的"编辑|变换|变形"命令，此时在被选择的"头部"图层上出现了很多操纵点。下面调整这些操纵点，将头部图像尽可能地和参考的"UV"图层相对应，如图 2-124 所示。调整完成后按〈Enter〉键进行确认。

　　14）回到"犀牛侧面.jpg"文件，利用工具箱中的 （套索工具）选择犀牛的前腿选区，如图 2-125 所示。

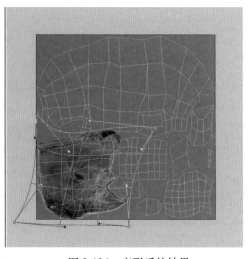

图 2-124　变形后的结果

图 2-125　创建犀牛的前腿选区

15）按住〈Shift〉键，利用工具箱中的 ▶₊（移动工具）将选择的犀牛前腿拖入到"犀牛贴图 .psd"文件中，并将新添加的图层重命名为"前腿"，如图 2-126 所示。

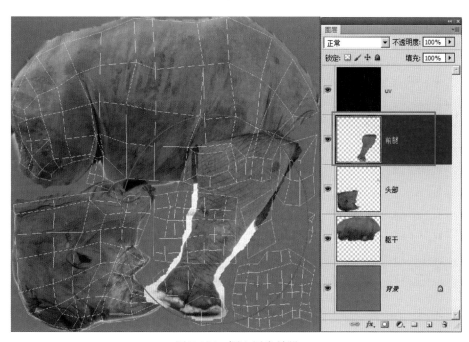

图 2-126　调入犀牛前腿

16）利用工具箱中的 ◢（橡皮擦工具）将犀牛前腿边缘的白色清除干净。然后按〈Ctrl+T〉快捷键，调整前腿的大小，让其与贴图坐标参考图相匹配，最后完成的结果如图 2-127 所示。调整完成后按〈Enter〉键进行确认。

17）按〈Ctrl+J〉快捷键，将"前腿"图层复制两次，然后选择菜单中的"编辑|变换|变形"命令，分别调整这 3 个类似的前腿图层，如图 2-128 所示。让它们比较融合地重合在一起。

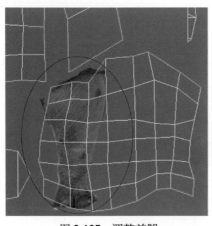

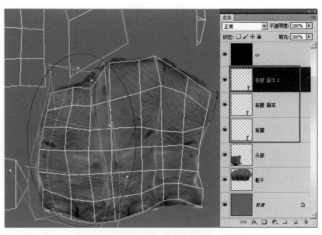

图 2-127　调整前腿　　　　　　　　　　　　图 2-128　复制前腿

18）回到"犀牛侧面.jpg"文件，利用工具箱中的 ⌾（套索工具）选择出犀牛的后腿选区。然后按住〈Shift〉键，利用工具箱中的 ⛶（移动工具）将被选择的犀牛后腿拖入到"犀牛贴图.psd"文件中。再将新添加的图层重命名为"后腿"。接着按〈Ctrl+T〉快捷键，调整后腿的大小，让其与贴图坐标参考图的大小相匹配，最后完成的结果如图 2-129 所示。调整完成后按〈Enter〉键进行确认。

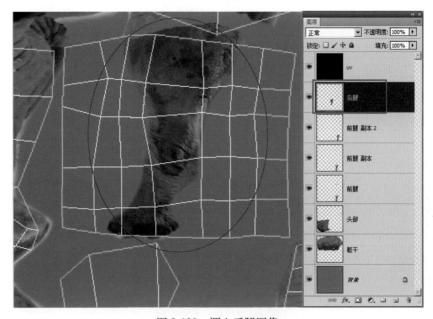

图 2-129　调入后腿图像

19）选择菜单中的"编辑|变换|变形"命令，将弯曲的后腿变形成较平直的形状，如图 2-130 所示。

20）按〈Ctrl+J〉快捷键，将"后腿"图层复制两次。然后选择菜单中的"编辑|变换|变形"命令，分别调整这 3 个类似的后腿图层，让它们比较融合地重合在一起，如图 2-131 所示。

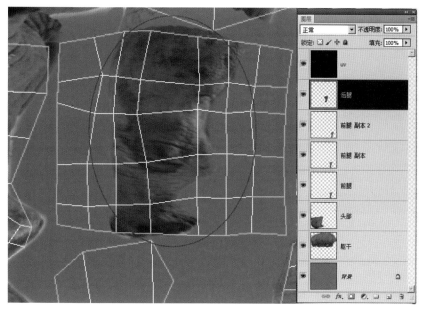

图 2-130　变形后腿

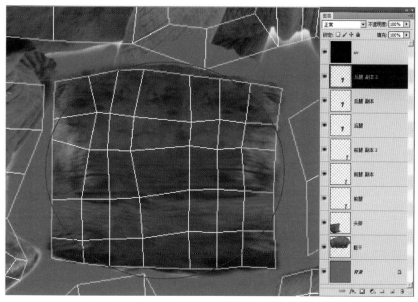

图 2-131　复制后腿

21）回到"犀牛侧面 .jpg"文件，然后利用工具箱中的 ◯（套索工具）选择犀牛的耳朵选区，如图 2-132 所示。

22）按住〈Shift〉键，利用工具箱中的 ▸╋（移动工具）将被选择的犀牛耳朵拖入到"犀牛贴图 .psd"文件中，再将新添加的图层重命名为"耳朵正面"。接着按〈Ctrl+T〉快捷键，调整耳朵的大小，让其与贴图坐标参考图的大小相匹配，最后完成的结果如图 2-133 所示。调整完成后按〈Enter〉键进行确认。

图 2-132　创建耳朵选区

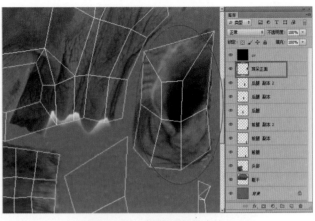

图 2-133　调整耳朵的大小

23）耳朵的背面没有耳朵正面那么明显的特征，因此，只要在犀牛身体的某个部分复制一块皮肤即可。下面在"耳朵正面"上方新建一个图层，并将其重命名为"耳朵背面"，然后选择工具箱中的 🖼 （仿制图章工具），按住〈Alt〉键，在犀牛的头部单击一下，从而确定为仿制图章的源点。接着利用 🖼 （仿制图章工具）在耳朵背面的位置进行复制，复制时要尽量使它的边缘和周围的头部皮肤颜色接近，完成的结果如图 2-134 所示。

提示：为了在选择"耳朵背面"图层后能够在其余图层取样，此时要将 🖼 （仿制图章工具）工具栏中的"样本"设置为"所有图层"。

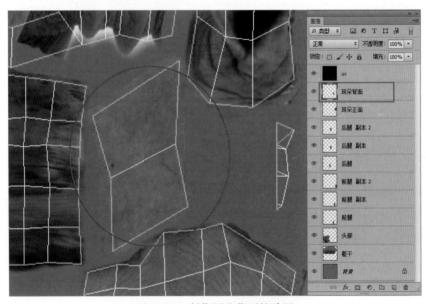

图 2-134　制作耳朵背面的贴图

24）脚底面和尾巴都是基本上不会被人注意到的地方，它不需要明显的特征。下面新建"脚底"、"脚底副本"和"尾巴"图层，如图 2-135 中 A 所示。然后利用工具箱中的 🖼 （仿制图章工具）将耳朵背面的皮肤复制到脚底面和尾巴的位置即可，完成的结果如图 2-135 中 B 所示。

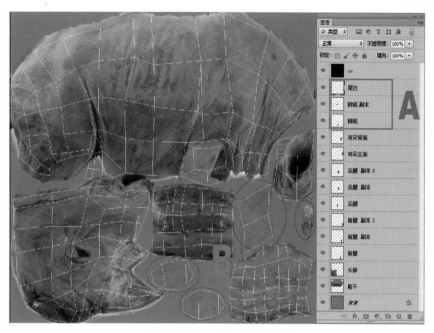

图 2-135　脚底和尾巴的贴图

25）将所有的图层名称整理一下，然后将类似的图层合并到一起，如图 2-136 所示，以便以后修改。现在贴图的绘制已经基本完成，下面按〈Ctrl+S〉快捷键，将文件保存为"犀牛贴图 .psd"文件。这个文件是含有图层的，因此能够随时进行修改。

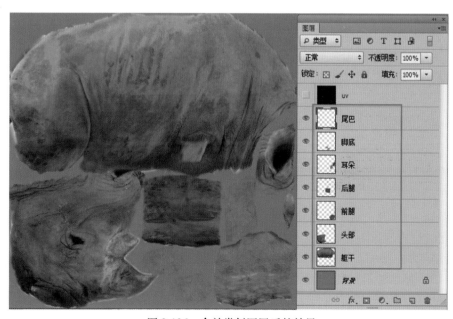

图 2-136　合并类似图层后的效果

26）另存为一个名称为"犀牛贴图未完成 .jpg"的文件，这个文件是没有图层的，体积较小，可以把它赋予模型来检查贴图的效果。

游戏角色设计

2.4.2 整体调整NPC动物角色的贴图

此时贴图已经绘制完成，下面要将贴图赋予模型表面，以便查看贴图，并根据模型表面的显示再对贴图进行最后的整体调整。

1）启动 3ds max 2012 软件，打开已经调整好贴图坐标的配套光盘中的 "MAX\ 第 2 章网络游戏中四足 NPC 动物设计——犀牛制作\犀牛 _ 贴图坐标完成 .max"文件。然后按〈M〉键，打开材质编辑器。接着选择一个空白的材质球，如图 2-137 中 A 所示，单击"漫反射"后面的▉（添加贴图）按钮，如图 2-137 中 B 所示。再在弹出的"材质/贴图浏览器"对话框中选择"位图"选项，如图 2-138 所示，单击"确定"按钮。最后在弹出的"选择位图图像文件"对话框中选择配套光盘中的"贴图\第 2 章网络游戏中四足 NPC 动物设计——犀牛制作\犀牛贴图未完成 .jpg"文件。最后双击打开"犀牛贴图未完成 .jpg"文件。

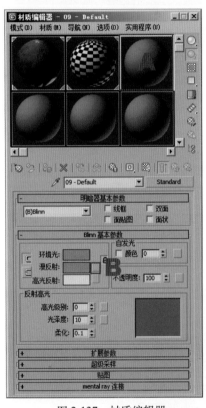

图 2-137 材质编辑器

图 2-138 选择"位图"选项

2）此时材质球如图 2-139 中 A 所示，下面在材质编辑器中单击工具栏中的▉（将材质指定给选定对象）按钮，如图 2-139 中 B 所示，将材质指定给视图中的犀牛模型。然后单击▉（在视口中显示标准贴图）按钮，如图 2-139 中 C 所示，在视图中显示贴图效果。接着选择菜单中的"渲染|环境"命令，打开"环境和效果"对话框的"环境"选项卡，再单击"环境光"下面的色块，如图 2-140 所示，在打开的颜色选择器中将环境颜色改为白色。

提示：修改环境色为白色之后，模型会被整体照亮，这样能更好地将贴图显示出来，而不会受到灯光的干扰。

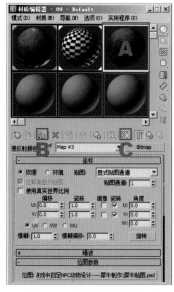

图 2-139 指定材质给模型

图 2-140 修改环境色

3）下面通过旋转视图仔细观察贴图在模型上的显示，此时会发现一些不合适的需要调整地方，比如前腿的颜色比身体颜色浅、后腿的纹理比较模糊、缺少细节等，如图 2-141 所示。

图 2-141 腿部和身体颜色不协调

4）此外，经过检查还可以发现头部和脖子的贴图接缝比较明显，头部的颜色和脖子的颜色也不统一，如图 2-142 所示。

图 2-142 头部和脖子的接缝问题

5）下面就来解决发现的问题。方法：回到 Photoshop CS5 中，选择工具箱中的 ![]（仿制图章工具），如图 2-143 所示，然后按住〈Alt〉键在图像中单击来指定仿制图章源点，接着将源点的图像复制到接缝的另外一边，从而使接缝两边的图像完全相同。

6）保存经过修正的贴图，然后打开 3ds max 2012 软件，再次旋转视图来观察模型，如果还有瑕疵，就再回到 Photoshop CS5 中，利用 ![]（仿制图章工具）进行修改，直到最终看不出接缝和不协调的现象为止。至此，网络游戏中的犀牛 NPC 就最终制作完成了，最后完成的效果如图 2-144 所示。

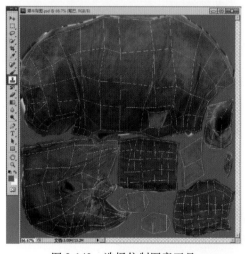
图 2-143　选择仿制图章工具

图 2-144　最后完成的效果

2.5　课后练习

利用本章学习的知识制作一只 NPC 鹿，如图 2-145 所示，参数可参考配套光盘中的"课后练习 \ 第 2 章 \NPC_ 鹿 .zip"文件。

图 2-145　课后练习效果

第3章 网络游戏中的男性角色设计

第 2 章讲解了网络游戏中最常见的 NPC 动物的制作方法，它的制作难度不高，但是经过了前面的学习，读者奠定了一定的软件基础，并且了解了利用 3ds max 制作四足 NPC 动物角色的流程。本章将制作更复杂的两足男性游戏角色——骁勇善战的战士，制作效果如图 3-1 所示。通过本章的学习，读者应掌握网络游戏中主角的制作方法。

图 3-1　男性角色效果

3.1　原画造型分析

在制作人物角色模型时，相对于动物的模型要求要严格得多，要严格遵守人体的解剖学知识来建模。因此，在学习本章内容之前，首先要对人体的基本结构有一定的了解，建议读者参考相应的医用解剖学资料来辅助学习。本章将严格按照游戏制作的流程顺序对角色建模做一个全面系统的介绍，将从原画开始到最后的贴图绘制逐一进行介绍。

首先，在进行游戏角色模型制作之前，要参照原画设定，对角色的形体、服饰及人物性格等方面进行仔细的分析。然后，划分出角色的基本结构图，以便在制作时能够准确地把握形体，并合理地利用贴图资源，更好地对角色细节进行刻画，才能赋予角色个性和生命。最后，还要根据游戏的原画设定，把角色的身高比例、形象特征、服饰变化等做简要的标注，有时甚至要考虑根据角色装备和等级的不同来设定不同的服饰。

本例中的男性角色护身装备主要为厚重的金属盔甲，大多数护身部件采用的是贴身而紧凑的设计，并有部分皮质贴身护具，这种装备比较适合运动和搏击。肩甲上的兽角强大且夸张，象征着此角色领袖地位与骁勇善战，胸甲厚重而粗犷，象征着战士的力量。为了充分表现以上特征，在建模时要格外注意肩甲和胸甲的轮廓形状。护腕、腰带、靴子等属于紧身装备，在制作中不用刻意考虑其模型结构，比如，金色腰带等细节就可以主要依靠贴图来表现。人物头部的设计需要考虑角色的性格和职业特征，发型为利索的短发，胡须为短的胡茬，深陷的眼窝、坚挺的鼻梁、冷峻消瘦的脸庞都明确地表明了角色作为一名骁勇善战所拥有的性格。

本例要制作的男性角色的标准设定文案如下。

- 背景：此角色表现的是奇幻风格的远古时期的一名战士首领。其形体特征充分显示了奇幻风格的特点，在对人物设定的时候要表现出领袖所具备的特征。
- 特征：强悍，勇猛，有很强的爆发力。装备要具有古代武士服装的特点，为了突出风格可适当进行夸张。
- 技能：此男性角色擅长使用大刀一类的武器，具备一些以刚猛见长的物理攻击技能。

本例的原画设定图如图3-2所示。

图3-2　角色原画

3.2　制作男性角色的模型

下面开始根据原画设定图和设定文案的要求来完成男性角色模型的制作。

3.2.1　模型制作分析

制作男性角色模型和制作动物模型一样，采用的是多边形建模的方法。通过本章的学习，读者可以进一步巩固前面章节中使用的多边形建模知识，还可以更深入地学习游戏中人物模型的制作要点和技巧。在制作男性角色模型时，制作的思路：先从整体到局部，再从局部到整体，最后整体和局部同时进行。

- 从整体到局部。从人物的整体形状开始，先做出头部躯干和四肢，从而构建出人体的主要形态，然后再从整体的基础之上深入刻画出头部五官和盔甲等细节。这样可以在制作过程中对人物基本形体进行准确把握，并对细节部位不断地调整和观察。
- 从局部到整体。当对细节的刻画到了一定程度之后，不要忘记最开始创建模型的主要形态。所以，在模型的细节完成之后，要再回到整体的形态来修改模型。
- 整体和局部同时进行。角色模型与动物模型相比，在制作时要求形态的准确性更高，因此，要不断地在整体制作和局部之间切换，用不同的观察方法来完成模型的制作。

3.2.2 制作人物模型的主体

前面对制作人物角色造型的思路做了一个整体分析。下面将从头部开始进行男性模型的具体制作。

1）打开 3ds max 2012 软件，单击 ![]（创建）命令面板下 ![]（几何体）中的 ![长方体] 按钮，在透视图中创建一个立方体，并设置这个立方体长、宽、高的"分段"数均为1，效果如图 3-3 所示。然后右击工具栏中的 ![]（选择并移动）工具，从弹出的对话框中将 X、Y、Z 均设为 0，如图 3-4 所示。

提示：图3-4是将物体坐标归零，为了便于以后进行骨骼绑定等编辑处理。

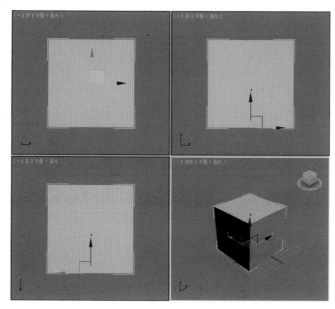

图 3-3 创建一个立方体　　　　　　　图 3-4 坐标归零

2）右击视图中的长方体，从弹出的快捷菜单中选择"转换为|转换为可编辑多边形"命令，如图 3-5 所示，将其转换为可编辑的多边形物体。

3）进入 ![]（修改）面板可编辑多边形的 ![]（边）层级，如图 3-6 中 A 所示。然后在视图中选择立方体中横向的 4 条边，如图 3-6 中 B 所示。

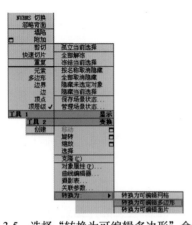

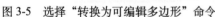

图 3-5 选择"转换为可编辑多边形"命令

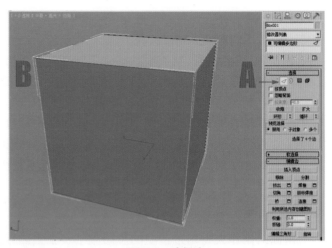

图 3-6 选择边

4) 单击 连接 按钮后的 ■ 按钮，然后在弹出的"连接边"对话框中设置"分段"数为"1"，其他数值为"0"，如图 3-7 中 A 所示，单击 ✓ 按钮。此时在立方体模型的正中间会产生一条线，这条中线把模型分割为两个相同的部分，如图 3-7 中 B 所示。

5) 进入可编辑多边形的 ■（多边形）层级，选中立方体模型的左半边，然后按〈Delete〉键，将模型左边删除，结果如图 3-8 所示。

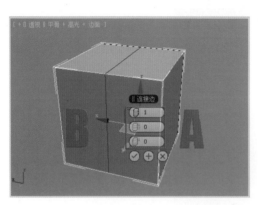

图 3-7 连接边

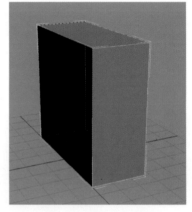

图 3-8 删除左边模型

6) 按〈Ctrl+B〉快捷键，退出"多边形"层级，然后选择模型，单击主工具栏中的 ▥（镜像）工具。接着在弹出的"镜像"对话框中选择镜像的轴向为"X"，如图 3-9 中 A 所示。再选择镜像的方式为"实例"，如图 3-9 中 B 所示，单击"确定"按钮。

　　提示：选择"实例"镜像方式后，镜像前和镜像后的模型是相互关联的，在编辑其中一个模型时，另
　　　　　外一个模型也会随之改变。这样在以后建模时，只制作模型的其中一半就可以了。可见，用此
　　　　　方法能大大提高工作效率。

7) 选择模型，进入 ▦（顶点）层级，然后利用 ✛（选择并移动）工具移动顶点，从而得到如图 3-10 所示的样子。

提示：在上一步骤中使用的是"实例"镜像方式，因此，模型左右是相关联的，此时在移动一侧顶点时，另一侧顶点也会随之变化。

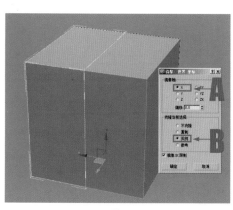

图 3-9 镜像模型

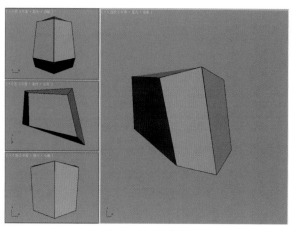

图 3-10 移动点

8) 进入 （边）层级，选择竖向的 4 条边，然后单击按钮 连接 ，在竖向的 4 条边中间连线，接着利用 （选择并移动）工具移动这些边，最后的结果如图 3-11 所示。这样就得到了头部的基础模型。

提示：在编辑模型时，要注意经常旋转视图从各种不同的角度观察，只有这样才能保证创建出来的模型是真正满意的模型。除了旋转视图之外，也可以用图3-11所示的方式，把顶视图、前视图等4个视图都显示出来。

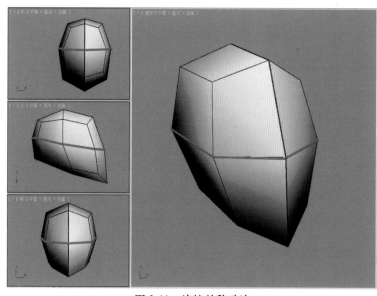

图 3-11 连接并移动边

9) 进入 （多边形）层级，然后选择模型底下的一个多边形，如图 3-12 所示。接着单击"挤出"按钮，如图 3-13 所示，，在视图中挤出底面的多边形，挤出的结果如图 3-14 所示。

3ds max + Photoshop

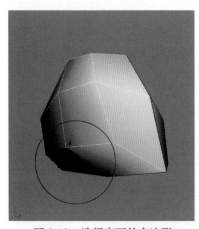

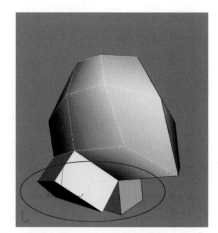

图 3-12　选择底面的多边形　　图 3-13　单击"挤出"按钮　　图 3-14　挤出的结果

10）利用工具栏中的 ✛（选择并移动）工具移动挤压出来的多边形，将底面左右的两个多边形对齐到一起，然后进入 ◁（边）层级，移动周围的几条边，从而制作出脖子的雏形，如图 3-15 所示。

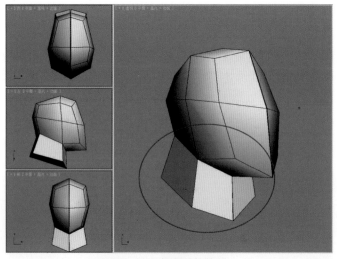

图 3-15　完成后的脖子

11）同理，选择脖子底面的多边形，然后利用"挤出"工具将脖子的底面进行挤出，如图 3-16 中 A 所示。接着进入 ◁（边）层级，选择挤出后的脖子竖向的 4 条边，利用 连接 工具在这 4 条边的中间添加边，最后利用 ✛（选择并移动）工具移动连接出来的边，将这些边外扩，从而得到胸部的外形，如图 3-16 中 B 所示。

12）选择胸部竖向的 4 条边，利用 连接 工具在 4 条边中间连接边。然后利用 ✛（选择并移动）工具调整这些边的位置，如图 3-17 中 A 所示。接着继续选择胸部竖向的边，利用 连接 工具连接边，最后调整这些边的位置，将这些边缩小，做出躯干的腰部来，如图 3-17 中 B 所示。

提示：在制作胸部时，可以尽量把胸部做大一些，这样能突出战士这个角色的强壮。

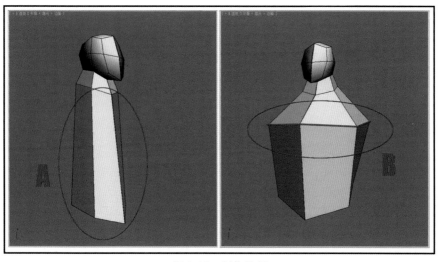

图 3-16 制作胸部

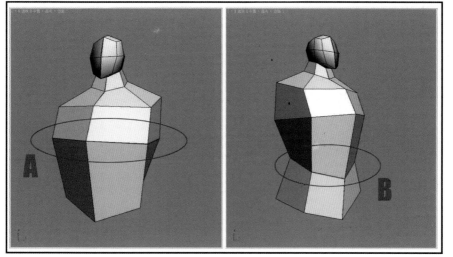

图 3-17 制作胸部和腰部

13）利用 连接 工具在躯干的侧面连接边，这条边一直贯穿到头部。然后移动这些边的位置，将躯干和头部的形状定位得更准确，如图 3-18 所示。

提示：在制作人物模型时，每添加一些边，都要严格参照人体的结构来调整边的位置。

14）进入 ▣（多边形）层级，选择胸部和胳膊连接的剖面，如图 3-19 所示。然后单击"倒角"按钮，如图 3-20 所示，在视图中将胳膊的剖面挤出并倒角，从而得到一个胳膊的雏形，如图 3-21 所示。接着选择胳膊雏形的边，利用 连接 工具在胳膊上加出一圈边，如图 3-22 所示。

提示："倒角"工具和"挤出"工具的功能类似，但是"倒角"工具比"挤出"工具的功能更强大一些，它能够对挤出的部分快速地进行缩放操作，所以，这里选择了用"倒角"工具而不是"挤出"工具。

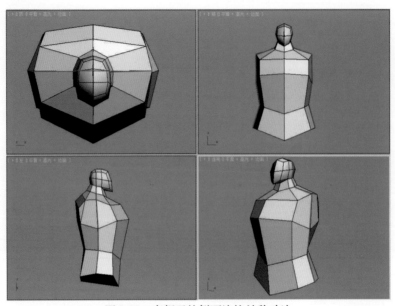

图 3-18　在躯干的侧面连接并移动边

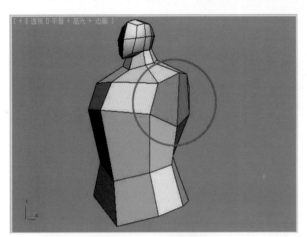

图 3-19　选择剖面

图 3-20　单击"倒角"按钮

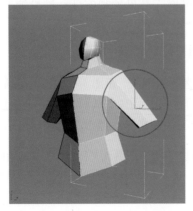

图 3-21　使用倒角工具制作胳膊

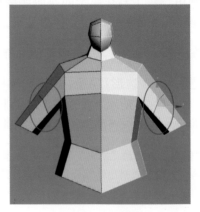

图 3-22　连接边

15）利用 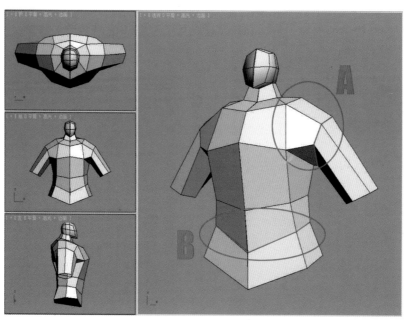 （选择并移动）工具，向上移动新连接出来的边，从而塑造出肩部的外形。然后顺应肩部的变化，将胸部的边也进行适当的调整，如图3-23中A所示。接着利用 连接 工具在腰部连接出一圈边，并相应地调整这圈边的位置，如图3-23中B所示。

图 3-23 调整肩部和腰部

16）在 （修改）面板中单击"切割"按钮，如图3-24所示，从而激活"切割"工具。然后在模型肩头的位置切割出几条边，再将这些新切出来的线向上移动，并相应地移动周围的其他边，从而制作出鼓出来的肩头形状，如图3-25所示。

提示："切割"工具和"连接"工具都能快速地添加边，但是相对来说，"切割"工具更自由，它能在模型的任何表面切线。

图 3-24 切割工具

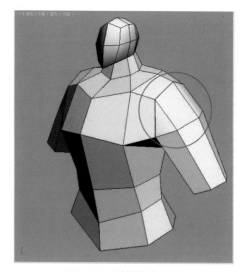

图 3-25 制作肩头形状

17）继续利用"切割"工具在模型肩头的部位切割出两条边，并移动边的位置，从而将肩头的关节点制作得更突出一些，如图 3-26 所示。

18）在肩头制作完成之后，下面制作胳膊。方法：进入■（多边形）层级，选择胳膊的剖面，如图 3-27 所示。然后利用"倒角"工具将选择的胳膊剖面挤出并缩小到如图 3-28 所示的状态。

19）同理选择胳膊的剖面，然后利用"倒角"工具制作出手掌的大体区域，如图 3-29 所示。

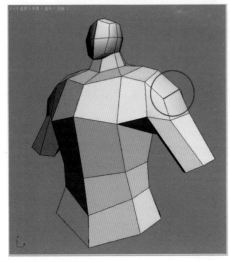

图 3-26　继续制作肩头

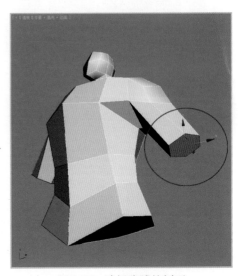

图 3-27　选择胳膊的剖面

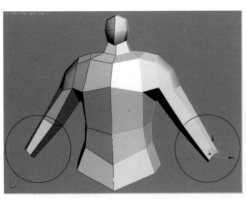

图 3-28　添加小臂

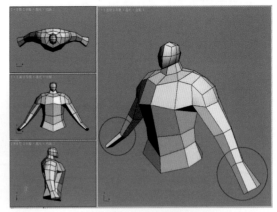

图 3-29　添加手掌

20）当胳膊的雏形已经制作完成之后，下面开始制作腰部和腿部。方法：首先利用"切割"工具在腰部切割出一条线，如图 3-30 中 A 所示。然后利用"切割"工具继续切割出来几条线，从腰部一直延伸下来到裆部，如图 3-30 中 B 所示。

21）按数字键〈4〉，进入可编辑多边形的■（多边形）层级。然后选择底面的多边形，如图 3-31 中 A 所示。接着利用"倒角"工具将此多边形进行挤出，并缩放到合适的大小，如图 3-31 中 B 所示，从而完成大腿部分基本形状的制作。

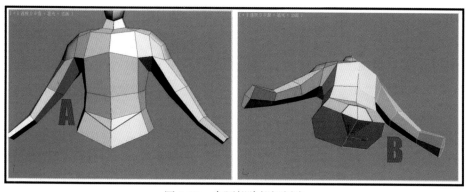

图 3-30　在腰部胯部切割边

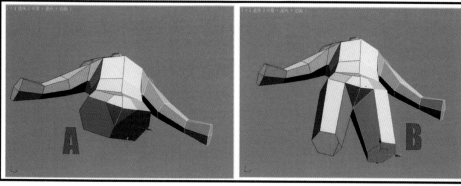

图 3-31　制作大腿

22）利用"切割"工具在大腿的根部切割出一圈边，从而丰富大腿的形状变化，如图 3-32 中 A 所示。然后按数字键〈4〉，进入可编辑多边形的▣（多边形）层级。接着选择大腿底下的剖面多边形，利用"倒角"工具将此多边形进行挤出，并缩放到合适的大小，如图 3-32 中 B 所示，从而完成小腿部分的制作。

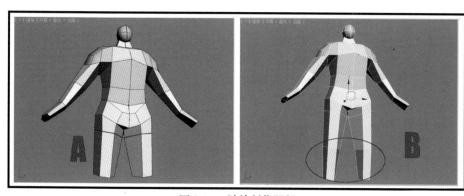

图 3-32　继续制作腿部

23）制作脚掌。方法：选择小腿部位的剖面，然后利用"倒角"工具继续挤出，并调整挤出多边形的大小，从而制作出脚腕和脚掌，如图 3-33 中 A 所示。接着使用相同的方法，继续利用"倒角"工具挤压出脚掌的厚度，如图 3-33 中 B 所示。至此，人物模型的大体框架已经搭建完毕。

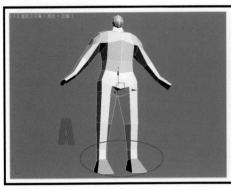 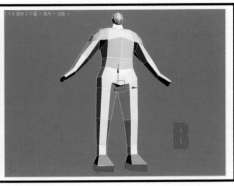

图 3-33　制作脚

3.2.3　制作人物模型的盔甲

人物角色的大体框架搭建完毕之后，下面要在这个主体模型的基础之上添加细节，完成胸部和肩部等盔甲的制作。

1）本例制作的角色为男性角色，而强壮男性的胸大肌很发达，所以胸廓普遍比较清晰。为了突出角色的彪悍，在原画设计时对胸部的表现较为夸张，如图 3-34 所示。

2）按数字键〈2〉，进入可编辑多边形的 ◁（边）层级。然后利用"切割"工具在胸部切割出一条线，这条线起始于肩部三角肌的下缘，贯穿整个胸部，如图 3-35 中 A 所示。然后参照原画设定中胸部盔甲的形状，利用工具栏中的 ✛（选择并移动）工具相应地调整这条线的位置。接着完成胸大肌下缘部分的制作，如图 3-35 中 B 所示。

提示：男性战士角色的胸大肌本身很发达，在原画设定时胸部又有很复杂的盔甲设计，因此，对胸部分布的线要格外精确，可以参照图3-34中的红色部分和图3-35中的绿色部分来反复对照。

 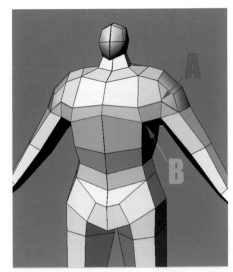

图 3-34　原画的胸部设定　　　　图 3-35　制作胸部下缘

3）利用"切割"工具在模型脖子的后面切割出一圈边，如图 3-36 中 A 所示。然后从刚才脖子后面的边往前面继续切割直到胸部，如图 3-36 中 B 所示。

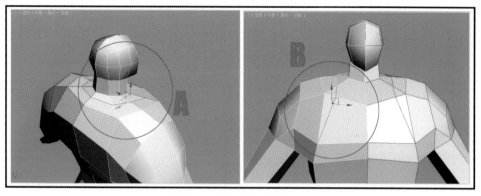

图 3-36　添加脖子周围的边

4）继续利用"切割"工具，在脖子前面锁骨的位置切割出一条边，如图3-37中A所示。然后将脖子周围的边向上移动，制作出盔甲的厚度，如图3-37中B所示。

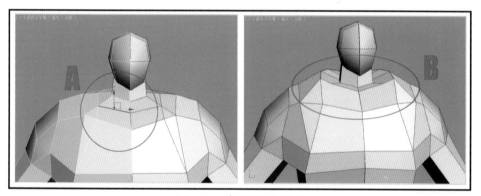

图 3-37　脖子周围的处理

提示：在原画中盔甲的厚度很明显，如图3-38所示。因此，在对脖子周围的部分进行处理时要时刻注意参考原画的设定。

5）前面处理的都是模型的正面，但是不能只顾着某个局部而忘记了整体，还要不断地旋转视图到模型的后面来检查模型是否合理，并同时对背面进行刻画。如图3-39所示为在背部连接了一条线，以丰富背部的结构。

图 3-38　原画参考

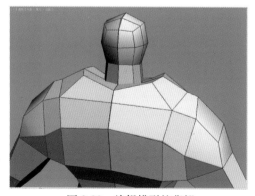

图 3-39　编辑模型的背部

游戏角色设计

6）按数字键〈1〉，进入可编辑多边形的 ▦（顶点）层级。然后选择肩部的 3 个顶点，如图 3-40 中 A 所示。接着右击，从弹出的快捷菜单中选择"塌陷"命令，如图 3-40 中 B 所示，将 3 个顶点合并成为一个顶点。最后移动这个顶点的位置，将其隆起，如图 3-41 所示。

> 提示："塌陷"命令的作用是将选择的所有点合并到一起，合并后顶点的位置是原来选择点位置的平均值。在"修改"面板中也有"塌陷"命令，但是不如直接从右击快捷菜单中选择这个命令更快捷。在工作中要尽量充分利用快捷方式来执行命令，这样才能提高工作效率。

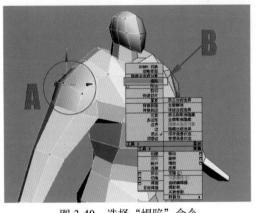

图 3-40　选择"塌陷"命令

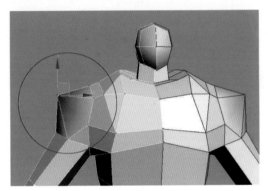

图 3-41　隆起的结果

7）选择肩头的两个顶点，单击"连接"按钮，如图 3-42 所示。从而将这两个点用线连接，如图 3-43 所示。这样原来的四边形就变成了三角形。

图 3-42　"连接"按钮

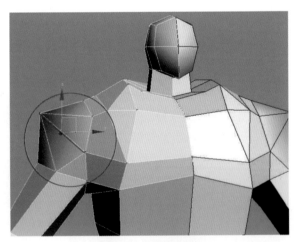

图 3-43　连接之后

8）经过刚才的调节，此时肩头已经有了一个小的隆起，但是距离本章要制作的是盔甲上的尖角还相差很远。下面按数字键〈2〉，进入 ◢（边）层级，选择构成这个隆起的所有边，执行"连接"命令，在边的中间垂直连出一圈边。然后调整边的位置，如图 3-44 中 A 所示。接着使用同样的方法继续调整肩部的尖角，如图 3-44 中 B 所示。

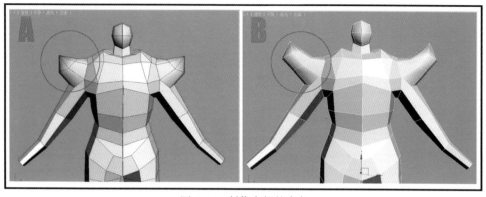

图 3-44　制作肩部的尖角

9）同理，继续创建肩部盔甲的尖角。创建时要注意参考原画中图 3-45 所示尖角的曲线形状。创建完成的肩部尖角模型如图 3-46 所示。

图 3-45　原画参考

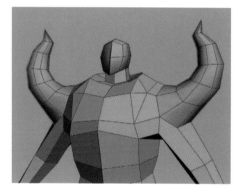

图 3-46　完成的尖角模型

10）利用"切割"工具在肩甲的下缘切割几条边。图 3-47 中 A 所示为切割前的样子，图 3-47 中 B 所示为切割后的结果。

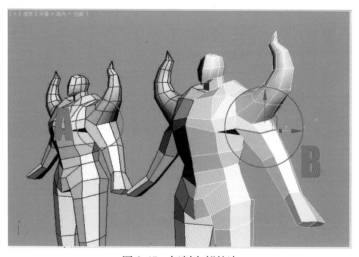

图 3-47　切割肩部的边

11）利用"切割"工具在胳膊的肘部切割几条边。图 3-48 中 A 为切割前的样子，图 3-48 中 B 所示为切割后的结果。

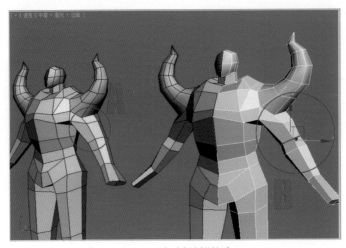

图 3-48　切割肘部的边

12）选择胸部的一条边，如图 3-49 中 A 所示。然后选择右击快捷菜单中的"删除"命令，如图 3-49 中 B 所示，从而将选择的边移除。

提示：此处使用"删除"命令和直接按〈Delete〉键进行删除，得到的结果是不一样的。如果直接按〈Delete〉键删除，模型的表面会出现一个空洞。而右键快捷菜单中的"删除"命令，才是真正的移除边，操作后在模型表面不会出现空洞。

13）将不需要的边移除之后，胸部出现了一个较大的空白多边形，下面利用"切割"工具切割出两条边，如图 3-50 所示。

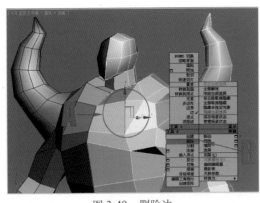

图 3-49　删除边

图 3-50　切割出两条边

14）参考原画可以发现胸甲有一个从上到下贯穿的趋势，如图 3-51 所示。为了让胸甲看起来更整体，下面利用"切割"工具在模型的表面再切割出几条边，这几条边从锁骨开始一直贯穿整个人物躯干的正面终止到胯部，如图 3-52 所示。

提示：有了这样一条从上到下的线，模型才不会显得很零散。

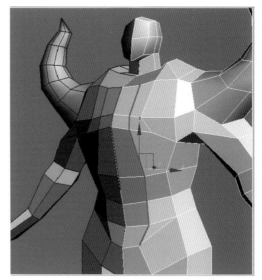

图 3-51　原画参考　　　　　　　　　　　图 3-52　切割边

15）下面继续进行肩部的制作，在尖角的下面利用"切割"工具切割出几条边，然后把这些边向内移动，从而做出肩甲的厚度，如图 3-53 中 A 所示。在编辑肩甲厚度时不要忘了模型的背面，背面也要同时进行制作，完成后的背面效果如图 3-53 中 B 所示。

提示：在原画的设定中如果肩甲的厚度比较厚，就需要在制作模型时将这个厚度制作出来；如果厚度不是很明显，则可利用贴图来表现。利用贴图进行表现会更简单一些，但是体积感不如通过模型来表现的效果好。所以要具体情况具体分析，根据不同的原画来选择制作的方法。

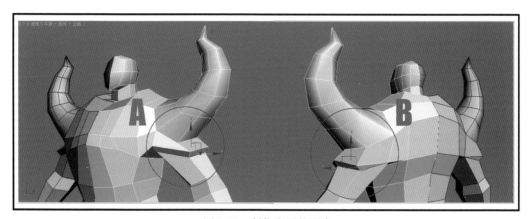
图 3-53　制作肩甲的厚度

16）在胳膊上利用"切割"工具切割出几条边，如图 3-54 中 A 所示。然后移动这些新添加出来的边，如图 3-54 中 B 所示，从而制作出肩甲的另外一层厚度。

提示：在步骤15）中制作的肩甲厚度是金属的肩甲，这一步骤中制作的是金属肩甲下面的一层贴身皮质护具，如图3-55所示。这种皮质的肩甲比较柔软灵活，为角色攻击防守时需要的大量运动提供了方便，它是原画很重要的一个设定，在此不能忽视。

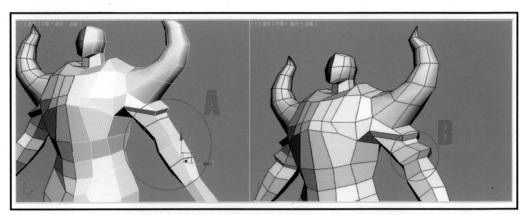

图 3-54 制作皮质肩甲

图 3-55 原画参考

17）制作皮质肩甲的模型时也要相应地调整背面模型，如图 3-56 中 A 所示，然后继续在胸部利用"切割"工具切割出边。图 3-56 中 B 所示为切割前的样子，图 3-56 中 C 所示为切割后的结果。

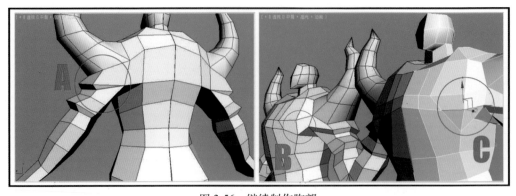

图 3-56 继续制作胸部

18）在腋窝的部位继续切割边，然后移动切割后的这些边，从而保证模型的结构与原画一致，完成后模型的正面效果如图 3-57 中 A 所示，背面效果如图 3-57 中 B 所示。

19）同理，在角色的胸部继续切割边，过程如图 3-58 中 A 和 B 所示。

提示：这次切割边是为了制作金属肩甲的边缘。

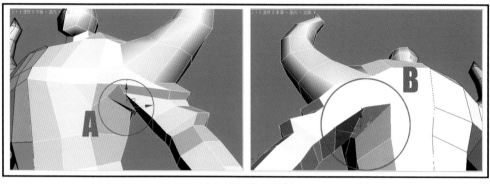

图 3-57　腋窝制作

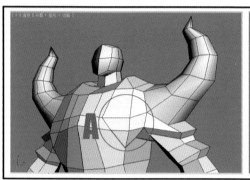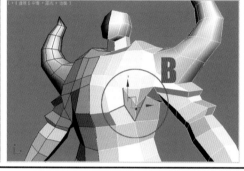

图 3-58　继续切割边

20）在胸甲的布线完善之后，下面制作胸甲的厚度。方法：首先参考原画中胸甲的主要轮廓，如图 3-59 所示。然后利用"切割"工具在胸部切割出一圈边，再调整这些边的位置，如图 3-60 所示。

提示：在制作胸甲的时候要注意精简。在原画中可以看出胸甲有很复杂的各种形状变化，但是如果照实做出来是不现实的，只能找最明显的大的形状起伏来制作，因此，笔者总结出了如图3-59所示的那条红色的线。

图 3-59　原画参考

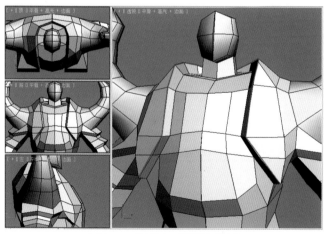

图 3-60　调整之后的胸甲厚度

21）在原画的设定之中，盔甲包含一个很大的领子，这个是不能忽略的，如图 3-61 所示。下面选择脖子周围的几条边，然后利用"挤出"工具，将这条边进行挤出。在挤出边的同时，软件会自动添加这条挤出边周围相应的结构，完成的结果如图 3-62 所示。

图 3-61　原画参考

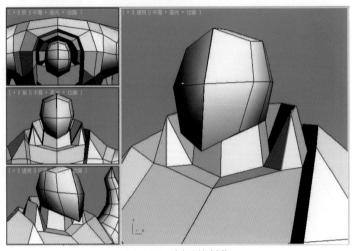

图 3-62　领子的制作

22）利用"连接"工具在角色的腰部添加一圈边，并将这圈边缩小，从而制作出腰带的厚度来，如图 3-63 中 A 所示。然后在小腹的部位利用"切割"工具加上两条边，并移动边的位置，将这个部位鼓起来，从而制作出腹部护甲外边缘的厚度，如图 3-63 中 B 所示。

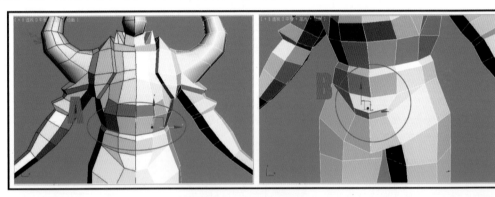

图 3-63　腰部护甲的制作

23）利用"连接"工具在大腿的根部再添加一圈边，并将这圈边进行缩小，从而制作出腰胯部护甲的下缘厚度。图 3-64 中 A 所示是模型的正面效果，图 3-64 中 B 所示是模型的背面效果。

24）利用"连接"工具在膝盖部分添加一圈边，然后缩小这圈边，从而制作出膝盖的起伏效果，如图 3-65 中 A 所示。然后在膝盖的下面继续用"连接"工具添加一圈边，并放大这圈边，从而制作出小腿部分腓肠肌的突起，如图 3-65 中 B 所示。

25）利用"切割"工具在大腿部分切割出一圈边，如图 3-66 中 A 所示。然后继续在这圈边的上面再切割一圈边，并将这圈边放大，从而制作出腿部盔甲的厚度来，如图 3-66 中 B 所示。

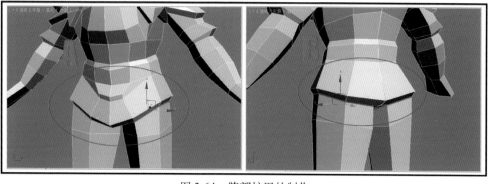

图 3-64 胯部护甲的制作

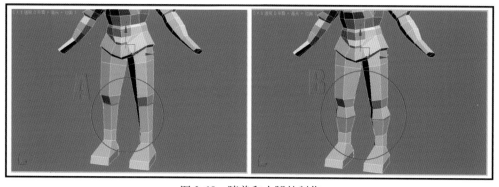

图 3-65 膝盖和小腿的制作

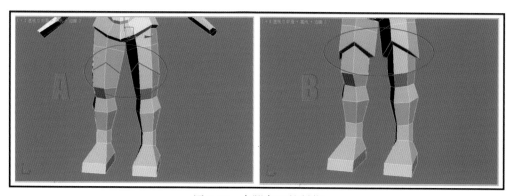

图 3-66 大腿盔甲的制作

26) 在将腿部制作到一定程度了之后，开始头部的制作。方法：首先利用"切割"工具在手掌的截面部分切割出 3 条边，如图 3-67 中 A 所示。然后按数字键〈4〉，进入 ■（多边形）层级。接着选择手部截面中的 4 个多边形，如图 3-67 中 B 所示。这 4 个多边形是 4 个手指生长出来的基础。

27) 在 🖉（修改）面板中找到"倒角"工具，然后单击"倒角"工具后的 ■ 按钮，如图 3-68 所示。接着在弹出的对话框中将倒角类型设置为 ⊞（按多边形），如图 3-69 中 A 所示，再相应地调节倒角高度和轮廓量的数值，单击 ✅ 按钮，进行确认，从而制作出 4 个手指的大体区域，如图 3-69 中 B 所示。

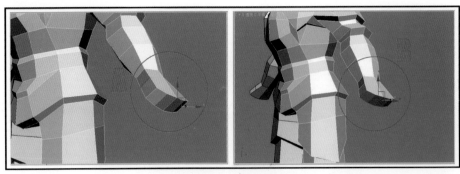

图 3-67　调节手掌

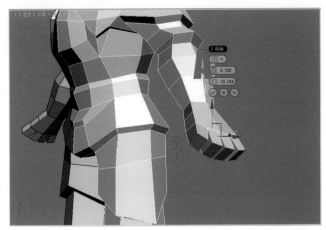

图 3-68　"倒角"工具　　　　图 3-69　生长手指

28）按数字键〈2〉，进入（边）层级。然后利用"切割"工具分别在手掌的正面和背面各切割出两条边，并调整这些边的位置，从而制作出手背的隆起和手心的凹陷，如图 3-70 中 A 和 B 所示。

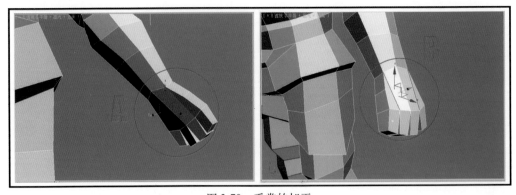

图 3-70　手掌的加工

29）按数字键〈4〉，进入（多边形）层级。然后选择手指剖面的 4 个多边形，利用"倒角"工具将手指挤出一段，如图 3-71 中 A 所示。同理，继续用"倒角"工具挤出手指的最后一节关节，如图 3-71 中 B 所示。

- 78 -

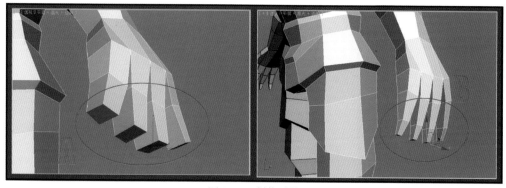

图 3-71 制作手指

30）选择大拇指的多边形，然后利用"倒角"工具将大拇指进行挤出，如图 3-72 中 A 所示。接着继续利用"倒角"工具挤出大拇指，并对其进行旋转，从而制作出手指自然放松的弯曲状态，如图 3-72 中 B 所示。

提示：在创建手指模型的时候，一般都把手指设置为半弯曲的自然放松状态，这样的状态对以后模型在抓握武器等道具时很有帮助。如果手指在建模时处于伸直状态，很有可能在以后制作抓握动画时出现贴图拉伸的错误。

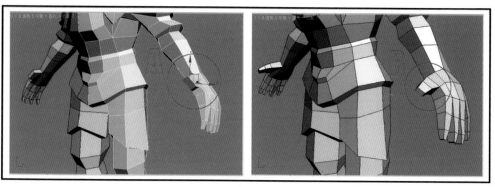

图 3-72 大拇指的制作

31）参照原画设定图能看到小臂部分有一个很坚硬的金属护腕，如图 3-73 所示。下面在模型的小臂部分利用"切割"工具切割出两圈边，再将这两圈边分别缩放，从而制作出护腕的厚度感，效果如图 3-74 所示。

32）手部制作完成后，继续制作腿部的细节。方法：在腿的正面添加一条贯穿的线，并调整这条线的位置，如图 3-75 中 A 所示，这条贯穿线的主要作用是为了制作腿部的体积。然后将腿部的这条线继续向下延伸，一直到脚底，如图 3-75 中 B 所示。

提示：在制作角色的各个局部细节时，不断地调整制作的部位是为了避免建模时，精力太过集中某一个点，而忽略了整体效果。在建模时，如果要制作局部细节，就一定要注意不能忽略整体。

33）参考原画能看到在膝盖部位有很明显的起伏，这个起伏是腿部盔甲的厚度，如图 3-76 所示。下面在膝盖的上面利用"切割"工具切割出一圈线，并缩放这圈线，从而制作出腿部盔甲的厚度感，如图 3-77 所示。

图 3-73　原画的护腕

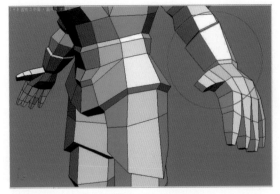

图 3-74　创建模型的护腕

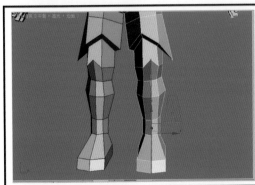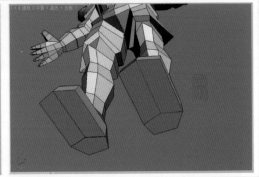

图 3-75　小腿的制作

图 3-76　原画参考

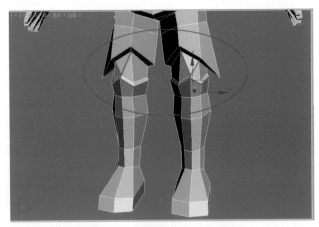

图 3-77　制作膝盖盔甲的厚度

34）利用"连接"工具在脚腕部分，添加一圈边，如图 3-78 中 A 所示。然后在脚腕和脚面继续添加边，从而制作出盔甲表面较大的起伏变化，如图 3-78 中 B 所示。

35）单击 命令面板下 中的 长方体 按钮，在透视图中创建一个和角色脚面大小近似的长方体，并设置这个长方体的长、宽、高的"分段"数均为 1。然后右击视图中的长方体，从弹出的快捷菜单中选择"转换为|转换为可编辑多边形"命令，将其转换为可编辑的多边形物体。接着按数字键〈4〉，进入 层级。再选择侧面的

多边形，利用"挤出"工具挤出这个多边形。同理，继续挤出多边形，直到制作出脚部盔甲尖角的模型。整个挤出过程如图3-79所示。

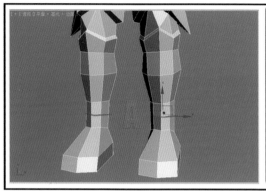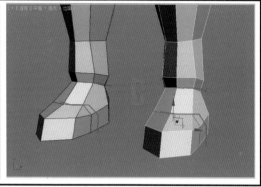

图3-78 制作脚部

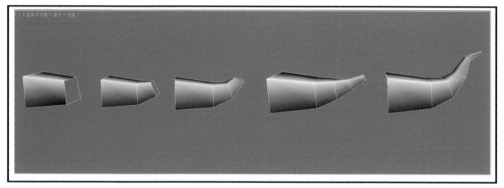

图3-79 制作脚部盔甲尖角模型

36）将脚部盔甲尖角的模型附加到人物模型上。方法：选择人物模型，然后在"修改"面板中单击"附加"按钮，如图3-80所示。接着利用鼠标单击脚部盔甲尖角的模型，从而将尖角附加到人物模型上，如图3-81所示。这样原来是独立的两个模型，现在合并成一个模型。

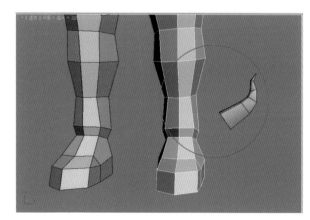

图3-80 "附加"按钮　　　　　图3-81 附加尖角到人物模型

37）按数字键〈5〉，进入■（元素）层级。然后选择尖角元素，利用✥（选择并移动）工具将其适配到脚踝部位。至此，脚部和小腿创建完毕，创建完成后图 3-82 中的原画和图 3-83 中的模型是完全吻合的。尤其是在一些大的转折部位，原画中大的转折部位也就是模型表面有线分布的部位，由此，读者应该能体会到建模时参照原画的意义了。只有不断地参照原画，并坚持在原画中有明显转折的部位布线，才能保证模型创建完成之后是准确的。

图 3-82　脚部原画

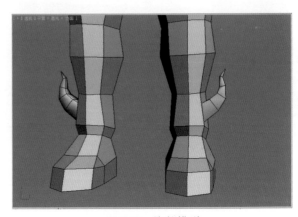

图 3-83　脚部模型

3.2.4　制作人物模型的头部

头部是整个人物的核心，是整个人物表现的亮点，因此，单独把头部的制作划分为一个小节，专门来讲述头部模型的制作方法。

1）选择人物模型，按数字键〈4〉，进入可编辑多边形的■（多边形）层级。然后选择头部的模型，如图 3-84 中 A 所示，在"修改"面板中单击"分离"按钮，如图 3-84 中 B 所示。接着在弹出的"分离"对话框中按照如图 3-84 中 C 所示进行设置。单击"确定"按钮，如图 3-84 中 D 所示，关闭对话框。

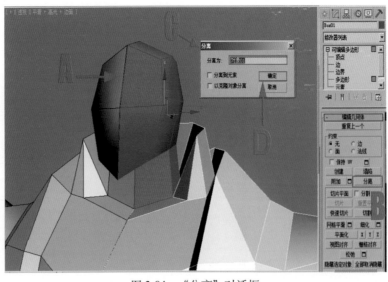

图 3-84　"分离"对话框

提示：现在的人物模型是由左右相同的两个部分组成的，而且模型的左右两个部分是关联的，只要编辑其中的一个，另外的一个也会有相同的变化。因此，在选择头部并将头部分离时，只要将头部的一半分离出来就行了。

2）头部是整个人物中最重要的部分，因此，这里将头部的模型分离出来单独进行制作。首先将除了头部之外的其他模型隐藏，只留下头部。然后将头部的形状简单调整一下。现在制作的这个角色是战士，其脸部比较硬朗，因此，在调整头部形状的时候，要注意这一点，要将头部调整得方正一些。最后将头部中间横切的边向上移动，这条边以后可以发展出眼睛。图 3-85 中 A 所示是调整前的头部，图 3-85 中 B 所示是调整后的头部。

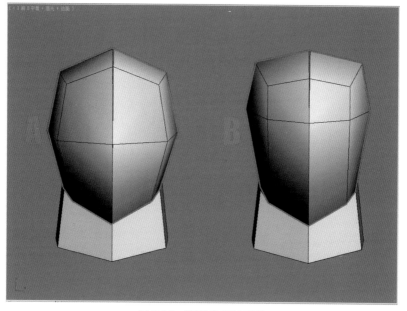

图 3-85 调整头部的形状

3）为了在头部添加更多的细节，下面利用"切割"工具在嘴部添加一条边，如图 3-86 中 A 所示。然后继续利用"切割"工具在下颌部位添加边，如图 3-86 中 B 所示。

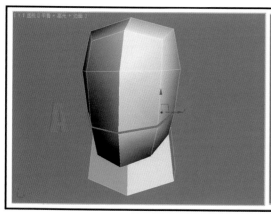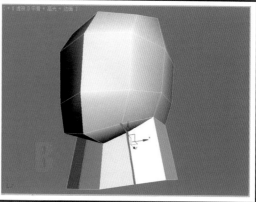

图 3-86 在嘴部和下颌添加边线

4）为了制作鼻子，下面利用"切割"工具从下颌开始向上斜切一条边。然后从眼睛的位置开始向下斜切一条边，如图 3-87 中 A 所示。接着移动这几条新添加的边的位置，将鼻子拉起来，如图 3-87 中 B 所示。

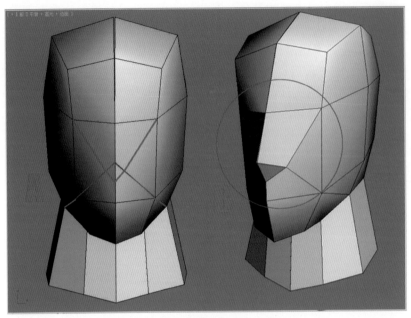

图 3-87　切割鼻子周围的线

5）整理眼睛周围的线。方法：利用"切割"工具从鼻翼到额头切割出两条边，如图 3-88 的 A 中红色线所示。然后选择图 3-88 中 A 所示的绿色边并右击，从弹出的快捷菜单中选择"删除"命令，将选择的边移除。最后完成的结果如图 3-88 中 B 所示。

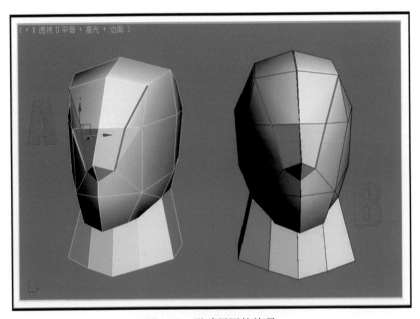

图 3-88　眼睛周围的处理

6）对头部进行微调，仔细调整每条线和每个点的位置。调整时要不断地旋转视图，保证每个角度的头部模型看起来都是正确的，如图3-89所示。

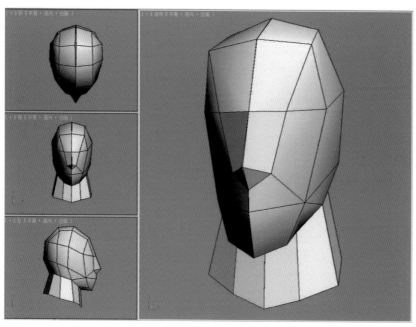

图3-89 微调头部模型

7）利用"切割"工具在腮部切割出如图3-90中A所示的红色线，然后选择如图3-90中B所示的绿色线，将其移除。图3-90中C所示为编辑之前的模型，图3-90中D所示为编辑之后的头部模型。

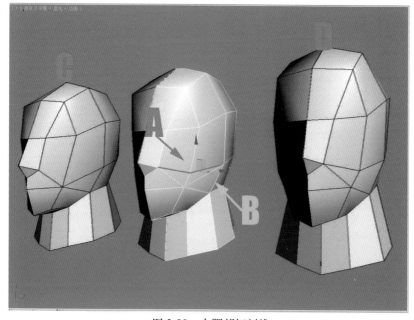

图3-90 在腮部切割线

8）利用"切割"工具从腮部向眼睛切出一条线，如图 3-91 中 A 所示。然后利用 （选择并移动）工具移动这条边，将眼睛的位置往下挪动一点儿，从而得到如图 3-91 中 B 所示的模型。接着继续利用"切割"工具从额头向下一直延伸到鼻翼切割出一条边，并随之调整这条边的位置，从而制作出鼻子的宽度，如图 3-91 中 C 所示。

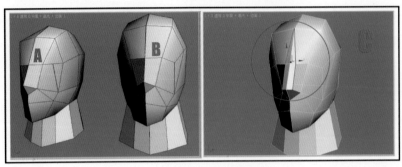

图 3-91　继续添加边线

9）利用"切割"工具在眉弓处切割出一条边。图 3-92 中 A 所示为切割前的模型效果，图 3-92 中 B 所示为切割后的模型效果。然后移动眼睛周围的顶点，让角色的眉弓鼓起来，眼睛深陷下去，效果如图 3-92 中 C 所示。

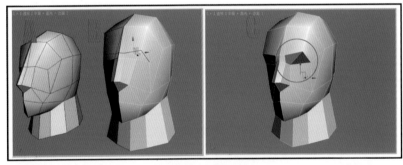

图 3-92　制作眼睛

10）现在眼睛部位的大体形状已经出来了，但是眼睛周围的线还没有完全布好，游戏模型要求布线一定要精简，下面还要调整一下眼睛周围的布线。方法：首先从眼睛往下切割出一条边，如图 3-93 的 A 中红色线所示，然后将如图 3-93 中 B 所示的绿色边移除。接着适当调整一下眼睛部位相应边的位置，最终布线效果如图 3-93 中 C 所示。

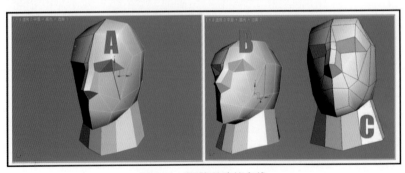

图 3-93　调整眼睛的布线

11）刚才眼睛上面的眉弓已经制作出来了，现在利用"切割"工具从外眼角到鼻子切割出眼睛下面的下眼睑，如图 3-94 中 A 所示。然后调整鼻子的鼻骨，制作出鼻子的宽度，如图 3-94 中 B 所示。接着在嘴的周围再切割出一条边，如图 3-95 中 C 所示。最后调整嘴上面添加出的这条边的位置，结果如图 3-94 中 D 所示。

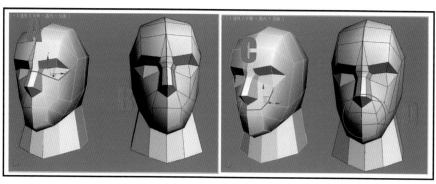

图 3-94 继续深入调整五官

12）利用"切割"工具在鼻子上再切割出如图 3-95 中 A 所示的红色线，然后将图 3-96 中 A 所示的用绿色标注的边移除，结果如图 3-95 中 B 所示。最后在眼睛部位再切割出一些边，如图 3-95 中 C 所示。

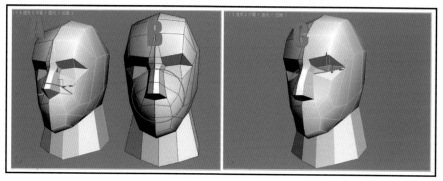

图 3-95 鼻子和眼睛的深入

13）在嘴角周围切割出如图 3-96 中 A 所示的几条红色边，然后将图 3-96 中 A 所示的绿色边移除，结果如图 3-96 中 B 所示。

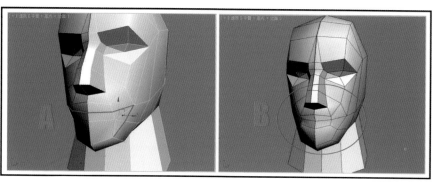

图 3-96 嘴角布线的调整

14）在下巴上继续切割边，如图 3-97 中 A 所示。然后在眼角也切割出一条边，如图 3-97 中 B 所示。

> 提示：之所以要添加如图3-97中A所示的那条红色边，是因为这个地方原来是个五边形。在游戏模型的制作过程中，五边形是被禁止的，最好是四边形。如果实在无法解决，用三角形也可以。在这里添加边，是为了将原来的一个五边形分割成为两个四边形。

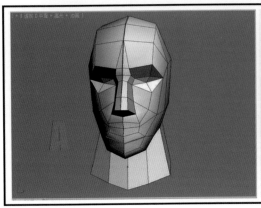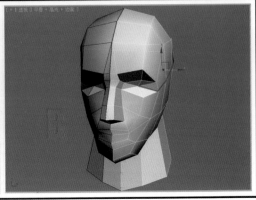

图 3-97　继续添加边

15）在眼睛的眼球位置添加一圈边，从而制作出眼睛的平面，如图 3-98 中 A 所示。这个平面是以后画眼睛贴图的地方，游戏中的眼睛一般都是靠贴图来表现的，模型只要有个平面就可以。然后调整上眼睑的位置，制作眼睛的凸起效果，并在眉弓的位置再添加一条边，如图 3-98 中 B 所示。

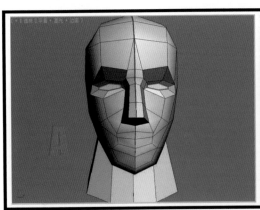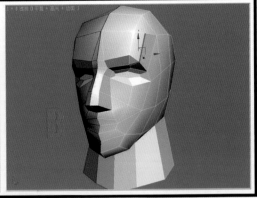

图 3-98　制作眼球

16）为了制作颧骨，在头部添加一圈横向的边，这圈边贯穿整个头部，如图 3-99 中 A 所示。然后调整一下颧骨周围顶点的位置，制作出脸部清瘦的样子，如图 3-99 中 B 所示。最后再将眼睛的眼睑和眉弓弄得突出一些，如图 3-99 中 C 所示。

> 提示：颧骨是脸上最重要的骨头之一，尤其是在雕塑或者绘画中。颧骨是脸部的重要支撑点，只有建立了正确的颧骨，才能把脸支撑起来。不然会感觉脸是软的，只有肉没有骨头。尤其这个角色形象是战士，作为一个骁勇善战的勇士，脸不能臃肿，一定是一张消瘦的脸庞加上一副坚毅的

表情，这样的战士才有一股干练的劲头，因此在制作这个角色的头部模型时，应格外注意颧骨和消瘦脸部的表现。

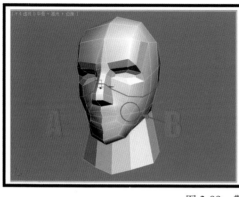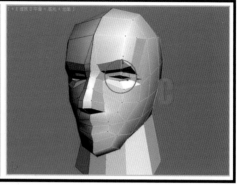

图 3-99 颧骨和眼睛

17）将如图 3-100 中 A 所示的绿色边进行移除，移除后眉弓和鼻子更简洁，轮廓更清晰，效果如图 3-100 中 B 所示的蓝色线。最后在头部侧面耳朵的位置添加出一圈边，如图 3-100 中 C 所示。

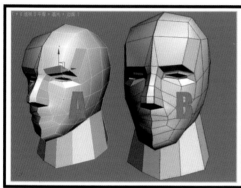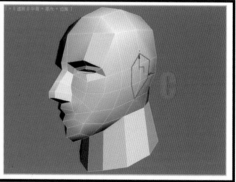

图 3-100 眼睛和耳朵制作

18）选择眼睛下面一排的 3 条竖边，如图 3-101 中 A 所示。然后利用"连接"工具在这 3 条线的垂直方向添加一条边，如图 3-101 中 B 所示。

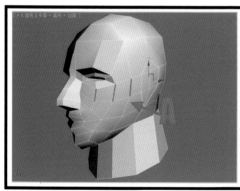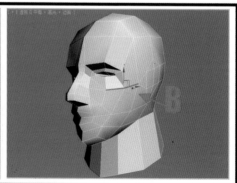

图 3-101 为耳朵整理布线

19）移动构成外耳廓的边，从而制作出耳朵的体积感。然后参照原画将整个头部再检查一下，完成后将其他隐藏的部分显示出来。最终完成的头部效果如图 3-102 所示。

图 3-102　完成的头部

3.2.5　对人物模型进行整体调整

男性角色的模型已经基本制作出来了，但是这时的模型基本都是按照局部分开来制作的办法完成的，局部制作的模型就不一定很适合整体效果。本节将继续对模型进行整体调整。

1）在胸部利用"切割"工具添加一条边。图 3-103 中 A 为添加边之前的模型，图 3-103 中 B 为添加边之后的模型。

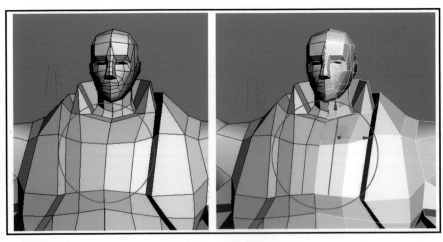

图 3-103　在胸部加线

2）目前胸甲的下缘布线并不是很完美，下面需要将其精简一下。方法：利用"切割"工具在胸甲下缘切出几条边，如图 3-104 中 A 所示。然后将这些边利用"塌陷"命令塌陷成一个顶点，如图 3-104 中 B 所示。

提示：在进行模型整体调整时，有一个很重要的工作就是调整模型上的布线。因为在制作局部时，一般会把精力都放在对局部模型的制作上，有时候会忽视合理的布线。因此，在进行整体调整时，首先要检查的就是模型的布线是否都合适，如果有不合适的地方要及时调整。

图 3-104　精简胸甲布线

3）刚才在胸部添加了一条边，添加这条边之后会出现一个五边形，而五边形是在游戏模型制作中不允许的，下面就来解决这个问题。方法：首先在模型的中线处切割出一个三角形，如图 3-105 中 A 所示。然后再从这个新添加的三角形开始向外延伸出一条边，一直连接到盔甲尖角的根部为止，如图 3-105 中 B 所示。

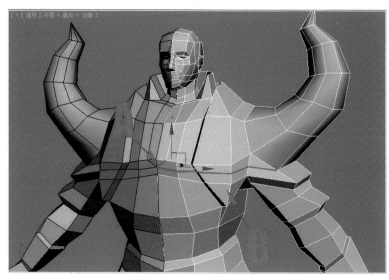

图 3-105　在胸部添加边

4）通过参考原画设计图能看到胸甲有一个金色的圆形扣子，如图 3-106 中 A 所示。下面首先调整在胸部新添加的这几条边，使胸甲部分的形状更圆滑一些，从而顺应金属扣子的形状。然后将胸甲其他部分的边也参照原画设计图调整一遍，最后得到的结果如图 3-106 中 B 所示。

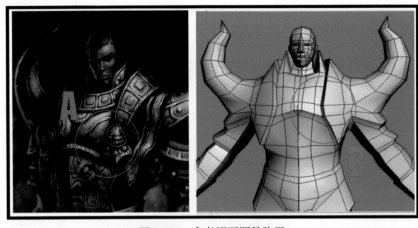

图 3-106　参考原画调整胸甲

5）利用"切割"工具从膝盖开始往上切一条边，这条边一直延伸到胯部，如图 3-108 中 A 所示的红色线。然后将图 3-107 中 A 所示的绿色线删除。接着调整一下新添加的边的位置，从而制作出大腿护甲的转折点，如图 3-107 中 B 所示。

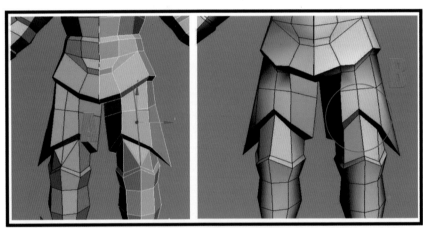

图 3-107　腿部护甲的调整

6）现在男性角色的模型经过了又一次的整体调整已经基本完成了，但是一些原画中本来要求平滑的部分依然不够平滑，下面对模型进行平滑处理。方法：进入 （元素）层级，如图 3-108 中 A 所示。然后选择模型，如图 3-108 中 B 所示。接着在"修改"面板中找到"平滑组"选项区域，如图 3-109 中 A 所示，设置平滑的角度为"90"度，如图 3-109 中 B 所示。最后单击"自动平滑"按钮，执行自动平滑命令，如图 3-109 中 C 所示。最终模型的光滑效果如图 3-109 中 D 所示。

提示：如果通过不断添加边来使模型平滑，势必会增加模型的多边形数量。而游戏中模型多边形的数量是受到严格控制的，因此，不能为了让模型平滑而添加过多的多边形，只能利用"自动平滑"命令来完成。在这里运用的"自动平滑"命令，改变了多边形法线的角度。角度改变的多少会根据设置的角度来自动运算，因此，既能够得到相对来说不错的效果，还不会增加多边形的数量。

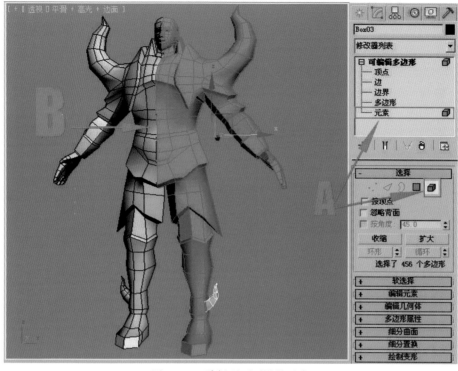

图 3-108 选择需要平滑的元素

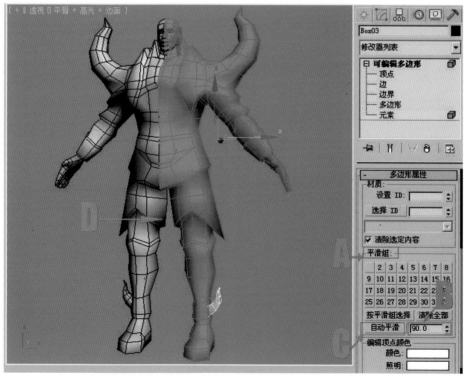

图 3-109 自动平滑

7) 模型经过"自动平滑"之后，表面看起来光滑了很多，如图 3-110 所示。这样相对光滑的模型，再加上贴图之后就完全感觉不出多边形数量的多少，不会因为精简模型而失去太多原画设定中的细节。

8) 单击 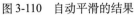 (创建)命令面板下 ⊙（几何体）中的 平面 按钮，在视图中创建一个平面物体，并设置它的长、宽、高的"分段"数均为 2。然后将这个平面物体移动到角色的腰部，旋转它的角度，如图 3-111 中 A 所示。接着右击，从弹出的快捷菜单中选择"转换为 | 转换为可编辑多边形"命令，将其转换为可编辑的多边形物体。最后按数字键〈1〉，进入 （顶点）层级，移动顶点的位置，如图 3-111 中 B 所示。

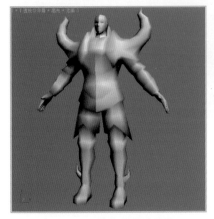

图 3-110　自动平滑的结果

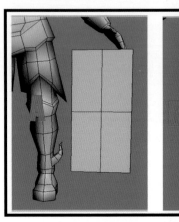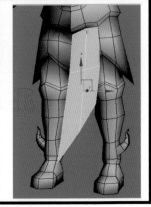

图 3-111　制作战袍

9) 选择战袍模型，然后单击主工具栏中的 （镜像）按钮，从弹出的"镜像"对话框中选择镜像的轴向为"Y"，选择镜像的方式为"实例"，从而将战袍的另一半关联复制，如图 3-112 中 A 所示。同理，制作出战士身体后面的战袍，如图 3-112 中 B 所示。

提示：战袍的材质为布料，虽然在原画设定中，袍子是弯曲的，但是在模型的制作中，一般都是将这种会飘动的布料制作成一个平面，暂时不考虑它的弯曲状态。

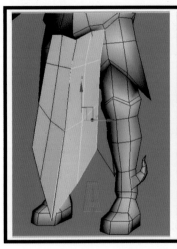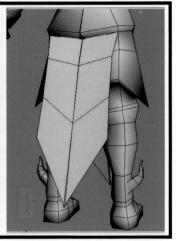

图 3-112　战袍的制作

10) 在战袍的模型制作完成后，旋转视图，从整体上观察模型，并对它进行微调，调整后的效果如图 3-113 所示。

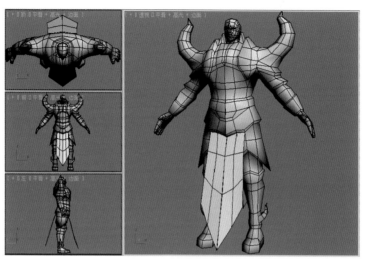

图 3-113 完成的模型

11) 隐藏一半模型，然后单击 <!-- (创建) --> （创建）命令面板下 <!-- (几何体) --> （几何体）中的 <!-- 长方体 --> 按钮，在透视图中创建一个长方体，并设置长方体的长、宽、高的"分段"数均为 1。然后利用 <!-- (选择并移动) --> （选择并移动）工具，将这个新创建的立方体移动到模型的上面，并对齐模型的中线，如图 3-114 中 A 所示。接着右击视图中新建立的长方体，从弹出的快捷菜单中选择"转换为|转换为可编辑多边形"命令，将其转换为可编辑的多边形物体，如图 3-114 中 B 所示。

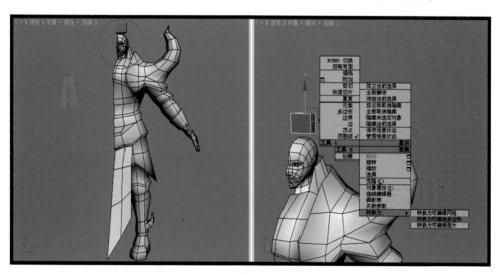

图 3-114 创建一个新物体

12) 重新显示另一半模型，然后选择新建立的长方体。在 <!-- (修改) --> （修改）面板中单击"附加"按钮，如图 3-115 中 A 所示。接着利用"附加"工具逐步拾取角色模型（包括头部、身体、战袍等），从而将这些部分都合并到新建立的长方体上面，如图 3-115 中 B 所示。

提示：新建立的这个长方体不包含什么复杂的数据，它几乎是最简单的模型，不会包含错误的数据，而一旦用这个模型去合并角色模型，长方体和角色模型就成为了一个模型。这样一来，角色模型的数据也会变得像长方体一样简单，因此，避免了很多角色模型在创建过程中可能会产生的错误数据。

13）附加完成后，下面选择长方体这个元素，按〈Delete〉键将其删除。

14）同理，再新建立一个长方体，并将其转换为可编辑多边形。然后利用这个长方体去"附加"角色模型的另外一半，附加完成后再将这个长方体进行删除，结果如图 3-116 所示。

提示：现在模型的左右两边是关联的，只要编辑其中的一个部分，另外一个部分也会产生相应变化。如果把两部分合并，这个关联的关系就没有了。因此，刚才在用"附加"工具时不是把整个模型都附加成为一个物体，而是用两个长方体分别附加。

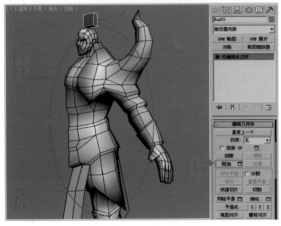

图 3-115　合并模型

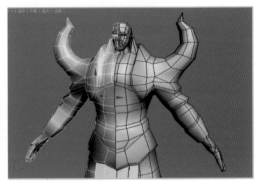

图 3-116　附加模型的另外一半

15）最后完成的模型如图 3-117 所示，至此，男性角色的模型就彻底创建完成了。

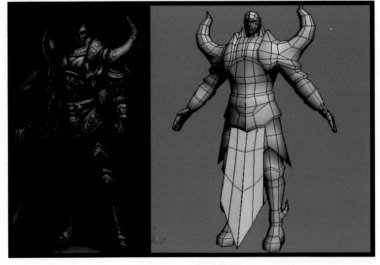

图 3-117　完成模型

3.3 男性角色的UV编辑及调整

本节介绍关于贴图坐标的编辑，在游戏角色的制作中，模型相对比较简洁，而比较多的细节都是靠贴图来表现的。为了让贴图和模型能够比较好地适配在一起，需要把贴图坐标调整好，下面开始具体操作。

3.3.1 头部UV坐标的调节

头部是整个角色最重要的部分，因此这里将头部模型单独分离出来，然后对其贴图坐标进行编辑。

1）选择头部模型，如图 3-118 中 A 所示，然后在"修改"面板中打开"修改器列表"，在列表中选择"UVW 展开"修改器，如图 3-118 中 B 所示。

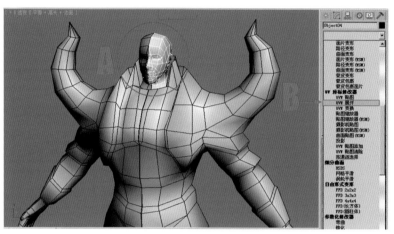

图 3-118　添加修改器

2）进入"UVW 展开"修改器的"面"层级，如图 3-119 中 A 所示。然后选择模型面部的一些面，如图 3-119 中 B 所示。接着保持这些面的选择状态，单击▨（平面贴图）按钮，如图 3-119 中 C 所示。最后单击"Y"按钮，如图 3-119 中 D 所示，以 Y 轴的方向来投影平面。

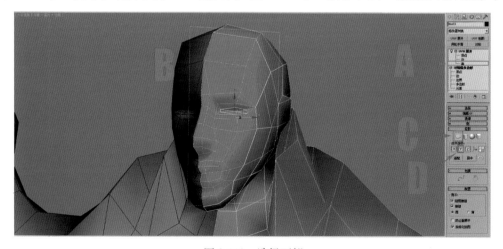

图 3-119　选择面部

提示：单击 （平面贴图）按钮之后，能够将所选择的部分以平面的形式进行展开，并将选择面的贴图坐标从模型整体上分离出来。

3）在修改器面板中找到"编辑 UV"卷展栏，单击"打开 UV 编辑器"按钮，如图 3-120 中 A 所示，打开"编辑 UVW"对话框。此时在打开的"编辑 UVW"对话框中，能看到刚才用平面形式展开的面部贴图坐标，如图 3-120 中 B 所示。

提示："编辑UVW"对话框是编辑贴图坐标的主要工作区，在这个面板中显示出来的点、边、面都不再是模型了，而是贴图坐标。

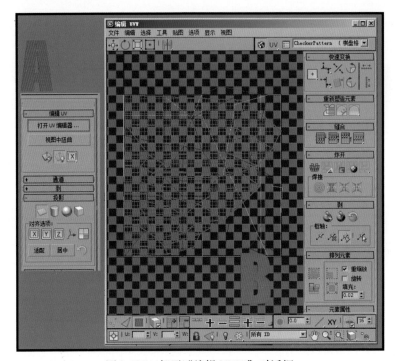

图 3-120　打开"编辑 UVW"对话框

4）在"编辑UVW"对话框中单击 （多边形）按钮，如图 3-121 中 A 所示。然后单击 （按元素 UV 切换选择）按钮，如图 3-121 中 B 所示。接着单击 （自由形式模式）按钮，如图 3-121 中 C 所示，进入自由形式模式。最后选择面部的贴图坐标，将其压缩，变成更合适的长宽比例，如图 3-121 中 D 所示。

提示：面部的贴图坐标，现在已经是被分离出来的单独元素。因此当单击 （按元素 UV切换选择）按钮之后能直接选择完整的一个面部。

5）退出 UVW 展开修改器，然后选择头部模型，按〈Alt+Q〉快捷键，让头部进入"孤立模式"，如图 3-122 中 A 所示，从而将暂时不需要编辑的其他部分模型隐藏。接着在修改器堆栈中选择"UVW 展开"修改器，并进入"面"层级，如图 3-122 中 B 所示。再选择头部模型侧面的一部分面，如图 3-122 中 C 所示。最后单击修改器面板中的"平面"按钮，将头部侧面的面以"平面"的形式展开，并把它分离出来。

提示：如果要退出"孤立模式"，只需要单击如图3-122中A所示的黄色按钮就可以。

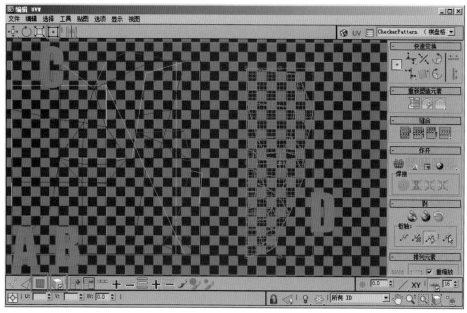

图 3-121　旋转面部贴图坐标

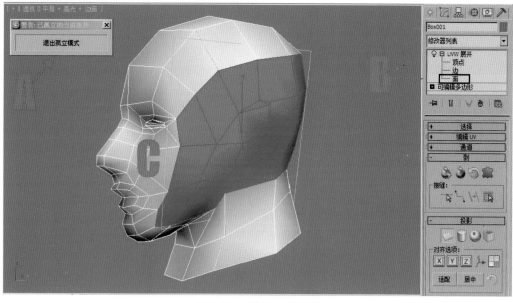

图 3-122　选择头部侧面

6）单击修改器面板"参数"卷展栏中的"编辑"按钮，然后在弹出的"编辑 UVW"对话框中选择 "选择元素"复选框，如图 3-123 中 A 所示。再选头部侧面的贴图坐标，如图 3-123 中 B 所示。接着利用如图 3-123 中 C 所示的工具栏中的 (移动选定的子对象) 工具，移动头部侧面的贴图坐标。最后确认选择"选择元素"复选框，如图 3-123 中 D 所示。利用如图 3-123 中 E 所示的 (旋转选定的子对象) 工具，结合 (移动选定的子对象) 工具调整头部侧面的贴图坐标，如图 3-123 中 F 所示。

提示：在"编辑UVW"对话框中编辑贴图坐标时，需要不断地切换 ⊹（移动选定的子对象）和 ↻（旋转选定的子对象）两个工具。切换的方法有两种，一种是单击按钮，另一种是按快捷键。"移动"工具的快捷键是〈W〉；"旋转"工具的快捷键是〈E〉。

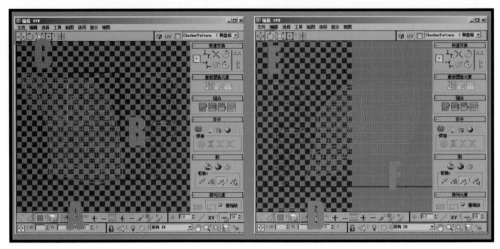

图 3-123　调整头部侧面的贴图坐标

7）进入"UVW 展开"修改器的"面"层级，然后选择下颌底部的面，如图 3-124 中 A 所示。接着单击修改器面板中的"平面"按钮，将下巴底部的面用"平面"的形式展开，并把它分离出来。最后打开"编辑 UVW"对话框，结合运用工具栏中的 ↻（旋转选定的子对象）工具和 ⊹（移动选定的子对象）工具调整下巴部位的面，如图 3-124 中 B 所示。

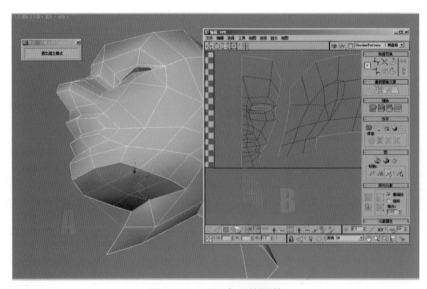

图 3-124　下巴底面的调整

8）选择头顶部位的面，如图 3-125 中 A 所示。然后在"修改"面板中单击"平面"按钮，将头顶的面以"平面"的形式展开，并把它分离出来。接着单击"打开 UV 编辑器"按钮，再在弹出的"编辑 UVW"对话框中单击 ![icon] (按元素 UV 切换选择) 按钮,并选择头顶的贴图坐标,如图 3-125 中 B 所示。

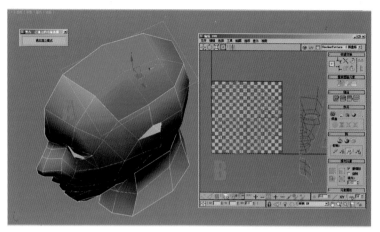

图 3-125　头顶贴图坐标的编辑

9) 首先结合运用 ![icon] (旋转选定的子对象) 工具和 ![icon] (移动选定的子对象) 工具将头顶被选择的面调整到如图 3-126 中 A 所示的样子。然后尽可能地将头顶的贴图坐标和脸部的贴图坐标对齐。接着选择脸接缝处的坐标点,选择菜单中的"工具 | 目标焊接"命令,如图 3-126 中 B 所示,从而激活目标焊接工具。最后利用脸部接缝处的坐标点去焊接头顶接缝处的坐标点,将两个点焊接到一起。

提示:选择"目标焊接"命令后,能看到鼠标的显示是有变化的,并且只有两个焊接点距离合适时才会发生变化。因此,可以通过鼠标状态的显示来判断焊接的两个点是否合适焊接。

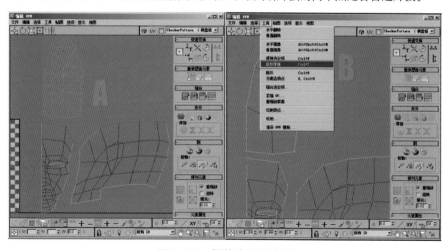

图 3-126　焊接头顶和脸部

10) 同理,利用"目标焊接"工具分别焊接头顶、头部侧面和下巴底面,从而将分离的 4 块贴图坐标焊接到一起,成为一个整体,如图 3-127 所示。然后选择贴图坐标点,结合工具栏中的 ![icon] (旋转选定的子对象) 工具和 ![icon] (移动选定的子对象) 工具,将整个头部的贴图坐标调整到如图 3-128 所示的样子。

提示：在进一步细致调节头部的贴图坐标点时，要尽量保证贴图坐标的均匀，要求尽可能地让所有的
面、大小近似、形状近似。

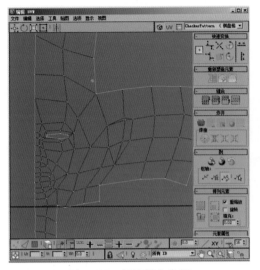
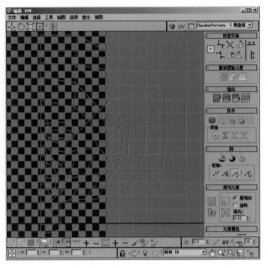

图 3-127　焊接整个头部　　　　　　　图 3-128　细致调节头部的贴图坐标点

11）进入"UVW 展开"修改器中的"面"层级，分别选择脖子和眼睛的面，如图 3-129
所示。

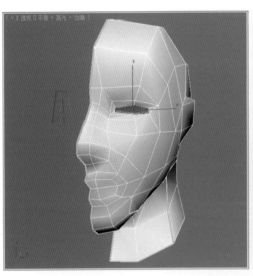
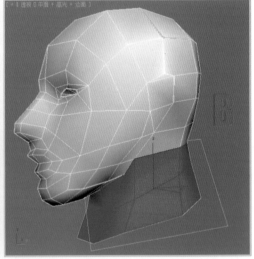

图 3-129　选择面

12）将眼睛和脖子部位的面分别以 （平面贴图）的形式进行展开，并将它分离出来。然
后打开"编辑 UVW"对话框，此时可以看到两块被分离出来的贴图坐标，如图 3-130 中 A
所示。接着运用 （移动选定的子对象）工具和 （旋转选定的子对象）工具，将两块被展
开的面尽可能地和头部其他的贴图坐标对齐。最后选择脸接缝处的坐标点，选择菜单中的
"工具|目标焊接"命令，将接缝处的点焊接到一起，完成的结果如图 3-130 中 B 所示。

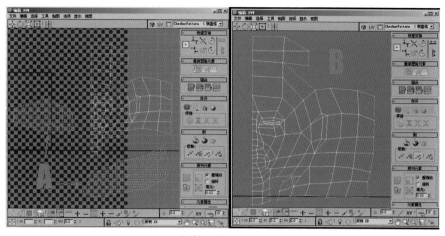

图 3-130 调整眼睛和脖子的贴图坐标

13）按〈M〉键，打开材质编辑器。然后选择一个空白的材质球，如图 3-131 中 A 所示。接着单击"漫反射"贴图通道后的■按钮，如图 3-131 中 B 所示，打开"材质 / 贴图浏览器"对话框。最后在"材质 / 贴图浏览器"对话框中选择"棋盘格"贴图，如图 3-131 中 C 所示，单击"确定"按钮，如图 3-131 中 D 所示，从而将这个贴图添加到空白的材质球上。

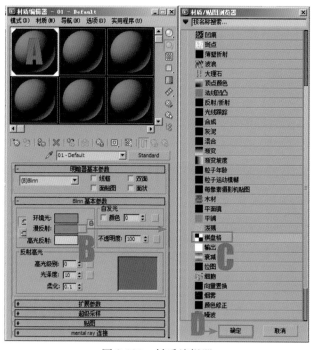

图 3-131 材质编辑器

14）在材质编辑器中，将贴图的平铺次数由默认的"1"改为"10"，如图 3-132 中 A 所示。这样将棋盘格贴图贴到模型上之后，格子会变小很多，更有利于观察。然后选择已经添加了贴图的材质球，如图 3-132 中 B 所示。再选择头部模型，单击 (将材质指定给选定对象) 按钮，如图 3-132 中 C 所示，将材质赋予模型，效果如图 3-132 中 D 所示。

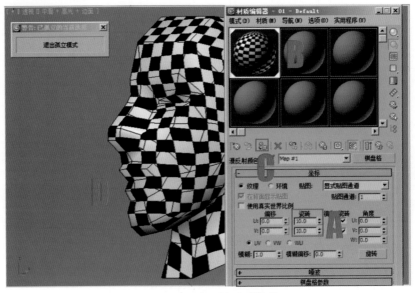

图 3-132　赋予材质到模型

15）将棋盘格材质赋予头部模型之后，可以看到整个头部被覆盖了黑白格子，这些格子用于检验贴图坐标是否合适，因此要尽量让所有的黑白格子大小和形状近似。最后根据棋盘格的显示来调整贴图坐标，这个过程需要一定的时间和耐心，没有什么更好的办法，只能慢慢来调节。调整结束后，头部的贴图坐标就完成了。

3.3.2　身体UV坐标的编辑

1）退出头部的孤立模式。然后选择身体模型，按〈Alt+Q〉快捷键，进入身体的孤立模式，如图 3-134 中 A 所示。接着选择身体模型，选择"修改器列表"中的 "UVW 展开"修改器，如图 3-133 中 B 所示。

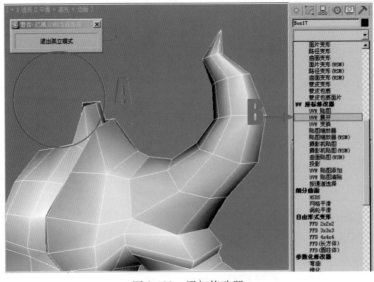

图 3-133　添加修改器

2）进入"UVW 展开"修改器的"面"层级，然后在视图中选择盔甲尖角的正面部分，如图 3-134 中 A 所示。接着在修改器面板中单击■■（平面贴图）按钮，将尖角的正面以"平面"的形式展开，并把它分离出来。最后单击"打开 UV 编辑器"按钮，在弹出的"编辑UVW"对话框中结合运用■■（移动选定的子对象）工具和■（旋转选定的子对象）工具，将尖角的正面调整到如图 3-134 中 B 所示的样子。

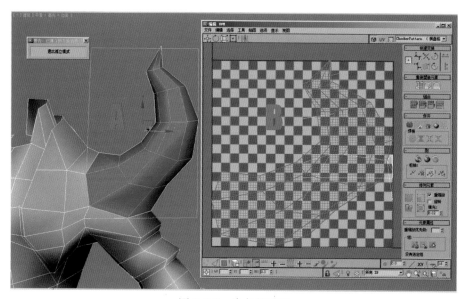

图 3-134　尖角的正面

3）选择盔甲尖角的背面部分，如图 3-135 中 A 所示。然后单击修改器面板中的■（平面贴图）按钮，将尖角的背面用"平面"的形式展开，并把它分离出来。接着打开"编辑UVW"对话框，在打开的对话框中结合■■（移动选定的子对象）工具和■（旋转选定的子对象）工具，将尖角的背面调整到如图 3-135 中 B 所示的样子。

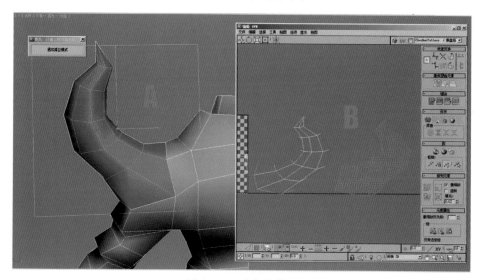

图 3-135　尖角的背面

4）进入"UVW展开"修改器的"面"层级，然后选择肩部的胸甲部分，如图3-136中A所示。接着单击修改器面板中的▨（平面贴图）按钮，将肩部胸甲以"平面"的形式展开，并把它分离出来。最后打开"编辑UVW"对话框，在打开的对话框中结合▦（移动选定的子对象）工具和◐（旋转选定的子对象）工具，将肩部胸甲调整到如图3-136中B所示的样子。

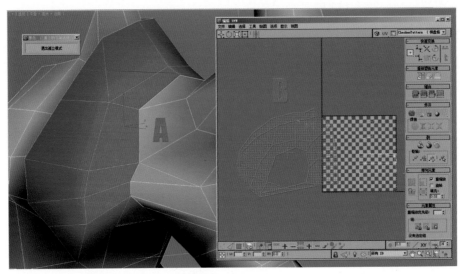

图3-136　肩部胸甲

5）进入"UVW展开"修改器的"面"层级，选择胸甲中的贴身部分，如图3-137中A所示。然后单击修改器面板中的▨（平面贴图）按钮，将贴身胸甲用"平面"的形式展开，并把它分离出来。接着选择胸甲内侧的面，如图3-137中B所示。最后单击修改器面板中的"平面"按钮，将贴身胸甲内侧用"平面"的形式展开，并把它分离出来。

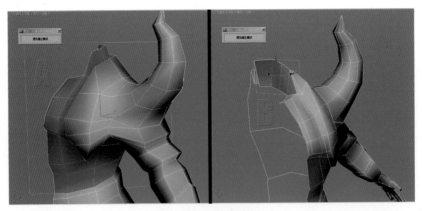

图3-137　贴身胸甲

6）打开"编辑UVW"对话框，在打开的对话框中结合▦（移动选定的子对象）工具和◐（旋转选定的子对象）工具，调整内外两块胸甲的贴图坐标，如图3-138所示。

7）确认选择"UVW展开"修改器的"面"层级，如图3-139中A所示。然后选择模型的胳膊部分，如图3-139中B所示。单击修改器面板中的▯（柱形贴图）按钮，将胳膊用圆柱的形式展开，并把它分离出来，如图3-139中C所示。

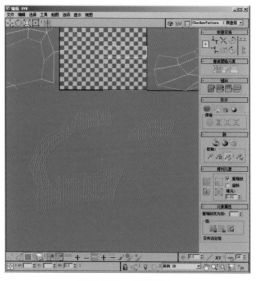

图 3-138 编辑胸甲

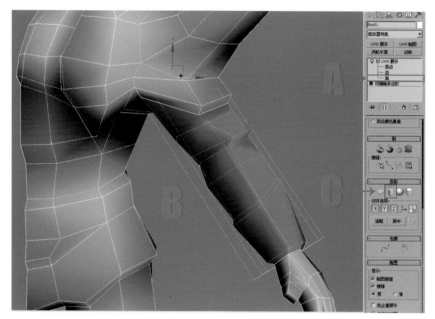

图 3-139 编辑胳膊

8）添加"柱形"贴图坐标的包裹之后，在视图中会出现一个黄色的圆柱形标识。下面旋转这个圆柱形，将圆柱中的绿色线转到胳膊的内侧，如图 3-140 所示。

提示：当将三维物体进行二维转化时，难免会遇到接缝问题，比如，现在胳膊圆柱形坐标中显示出的绿色边，就表示有无法避免的一个接缝。既然接缝无法避免，就只能把它放到不引人注意的地方，这里把接缝安排到了胳膊的内侧。

9）打开"编辑 UVW"对话框，在打开的对话框中结合![](移动选定的子对象）工具和![](旋转选定的子对象）工具，将胳膊的贴图坐标调整到合适的大小和位置，此时可以

发现，在接缝处并没有完全对齐，还有一个多余出来的面。下面选择接缝处的那条边，如图 3-141 中 A 所示。选择菜单中的"工具 | 断开"命令，如图 3-141 中 B 所示，从而将接缝处多余出来的面断开。

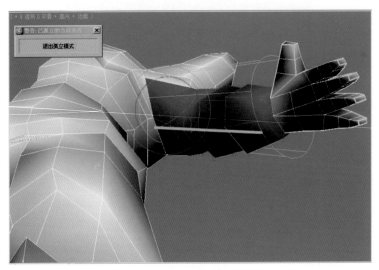

图 3-140　胳膊贴图坐标的接缝处理

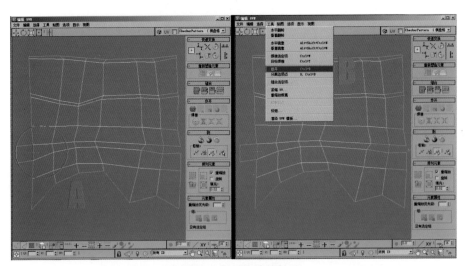

图 3-141　断开接缝处的面

10) 选择刚才断开的面，用"移动"工具将这个面移动到接缝的另一端，并对齐这个面，如图 3-142 中 A 所示。然后选择需要焊接的点，如图 3-142 中 B 所示。接着选择菜单中的"工具 | 焊接选定项"命令，如图 3-142 中 C 所示，逐个将需要焊接的点焊接到一起。

11) 进入"UVW 展开"修改器的"面"层级，然后选择手背部分的面，如图 3-143 中 A 所示。接着单击修改器面板中的 （平面贴图）按钮，将手背以"平面"的形式展开，并把它分离出来。最后选择手心的面，如图 3-143 中 B 所示。单击修改器面板中的"平面"按钮，将手心以"平面"的形式展开，并把它分离出来。

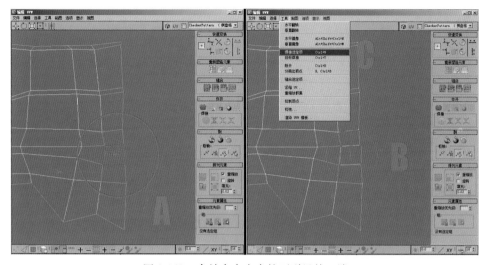

图 3-142 合并多余出来的面到另外一端

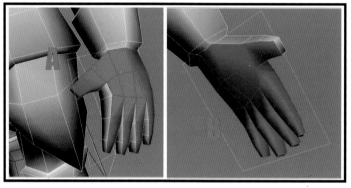

图 3-143 拆分手心手背

12）打开"编辑 UVW"对话框，在打开的对话框中结合 (移动选定的子对象) 工具
和 (旋转选定的子对象) 工具，将手心和手背的贴图坐标调整到合适的大小和位置。经过仔
细观察能发现手心贴图坐标中，有些坐标点是重合的，如图 3-144 中 A 所示。下面选择这些重合
的点，利用 (移动选定的子对象) 工具移动这些点，将它们展开，如图 3-144 中 B 所示。

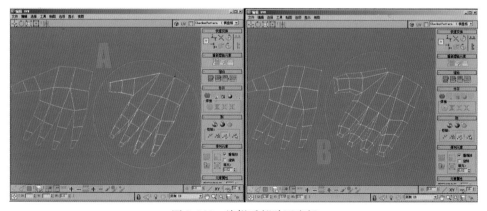

图 3-144 编辑手部贴图坐标

提示：手掌是面状的，用平面形式来展开贴图坐标比较合适，但是手指是圆形的，只用平面来概括就显得有些不合适了，因此会出现坐标点的重合问题，还需要再次编辑。

13）进入"UVW 展开"修改器的"面"层级，然后选择腰部护甲部位的面，如图 3-145 中 A 所示。接着单击修改器面板中的 ▨（平面贴图）按钮，将腰部护甲以"平面"的形式展开，并把它分离出来。最后打开"编辑 UVW"对话框，结合 ▦（移动选定的子对象）工具和 ▣（旋转选定的子对象）工具调整腰部护甲，如图 3-145 中 B 所示。

提示：腰部实际上是一个圆柱形，因此可以用"柱形"的形式来展开这部分的贴图坐标。但是，现在模型是左右对称的两个部分，腰部也就变成了半个柱形，因此，还是采用"平面"的形式来展开腰部贴图坐标。

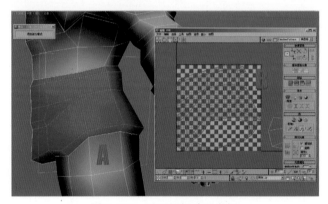

图 3-145 展开腰部贴图坐标

14）在"编辑 UVW"对话框中，结合 ▦（移动选定的子对象）工具和 ▣（旋转选定的子对象）工具，进一步调整腰部的贴图坐标到合适的大小和位置。此时会发现腰部的贴图坐标有重叠的现象，本来应该是边缘的线，现在折回到了内部，如图 3-146 中 A 所示。下面选择这条线，将它移动到这块贴图坐标元素的边缘，并相应微调其他部分的边，最后完成的结果如图 3-146 中 B 所示。

提示：在对腰部贴图坐标进行更细致的调整时，要尽量让所有的面大小近似、形状近似。

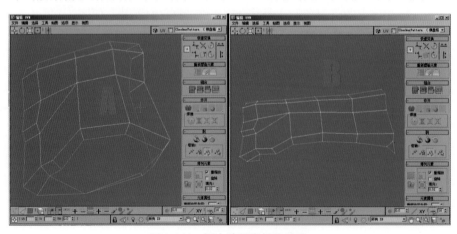

图 3-146 解决贴图坐标的重叠

15）进入"UVW展开"修改器的"面"层级，如图3-147中A所示。然后选择腿部的护甲，如图3-147中B所示。接着单击修改器面板中的▣（柱形贴图）按钮，如图3-147中C所示，将腿部护甲以"柱形"的形式展开，并把它分离出来。在添加"柱形"贴图坐标的包裹之后，视图中会出现一个黄色的圆柱形标识，最后旋转这个圆柱形，将圆柱中的绿色线转到大腿的内侧，如图3-147中D的蓝色线所示。

提示：当将三维物体进行二维转化时，难免会遇见接缝问题，大腿和胳膊一样在圆柱形坐标中有个显示出来的绿色边，绿色边就表示有条无法避免的接缝，那么既然接缝无法避免，就只能把它放到不引人注意的地方，所以这里把接缝安排到了大腿的内侧。

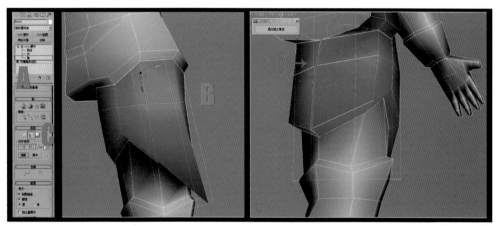

图3-147　腿部护甲的贴图坐标

16）打开"编辑UVW"对话框，结合▣（移动选定的子对象）工具和◌（旋转选定的子对象）工具将腿部护甲的贴图坐标调整到合适的位置，如图3-148中A所示。然后对腿部护甲的贴图坐标做更进一步的编辑，展开重叠的坐标点，并且要尽量让所有的面大小近似、形状近似，最后完成的结果如图3-148中B所示。

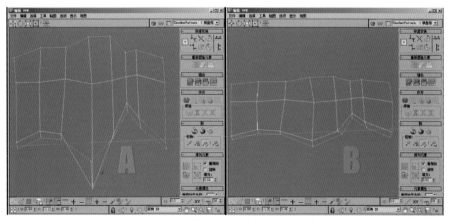

图3-148　腿部护甲贴图坐标的调整

17）进入"UVW展开"修改器的"面"层级，然后选择大腿部分，如图3-149中A所示。接着单击修改器面板中的▣（柱形贴图）按钮，将大腿以"柱形"的形式展开，最后打开"编辑 UVW"对话框,运用 (移动选定的子对象)工具和 (旋转选定的子对象)工具调整大腿的贴图坐标,如图 3-149 中 B 所示。

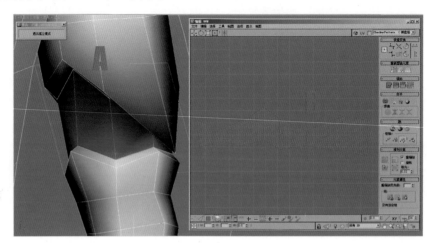

图 3-149　大腿的贴图坐标

18)进入"UVW 展开"修改器的"面"层级,然后选择小腿部分,如图 3-150 中 A 所示。接着单击修改器面板中的"柱形"按钮,将小腿以"柱形"的形式展开,再旋转贴图坐标的绿色接缝到小腿的内侧。最后打开"编辑 UVW"对话框,运用 (移动选定的子对象)工具和 (旋转选定的子对象)工具调整小腿的贴图坐标,如图 3-150 中 B 所示。

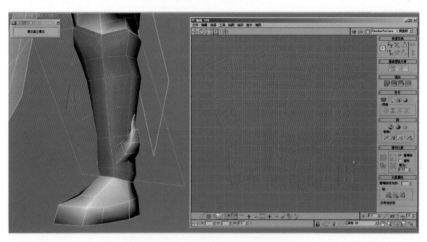

图 3-150　调整小腿的贴图坐标

19)分别选择腰部护甲、腿部护甲、大腿和小腿等几个部分的贴图坐标,利用 (移动选定的子对象)工具和 (旋转选定的子对象)工具将它们的位置排好,如图 3-151 中 A 所示。然后在修改器堆栈中选择"UVW 展开"修改器,并进入到修改器的"面"层级,再选择模型脚部左边的一些面,如图 3-151 中 B 所示,单击修改器面板中的 (平面贴图)按钮。接着在修改器堆栈中选择"UVW 展开"修改器,并进入到修改器的"面"层级,再选择模型脚部右边的一些面,如图 3-151 中 C 所示,最后单击"平面"按钮。这样角色的脚部贴图坐标就被分成了左右两个片状。

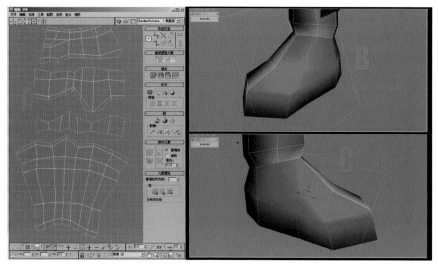

图 3-151　调整腿部贴图坐标位置并拆分脚部

20）首先结合 工具和 工具将脚部左右两边的面调整到如图 3-152 中 A 所示的样子。然后尽可能地将这左右两个部分的贴图坐标对齐。接着选择对齐接缝处的坐标点，选择菜单中的"工具 | 焊接选择项"命令，如图 3-152 中 B 所示，从而激活焊接工具。最后将接缝处的点焊接到一起，如图 3-152 中 C 所示。

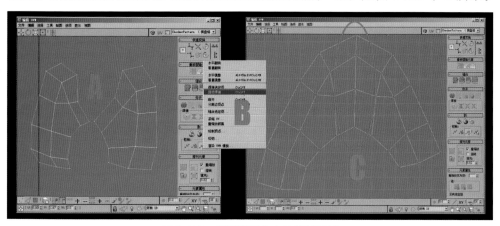

图 3-152　焊接脚部左右的贴图坐标

21）进入"UVW 展开"修改器的"面"层级，然后选择前面和后面的袍子，如图 3-153 中 A 和 B 所示。接着单击修改器面板中的 按钮，将两块袍子分别以"平面"的形式展开。最后打开"编辑 UVW"对话框，运用 工具和 工具分别调整两块袍子的贴图坐标，如图 3-153 中 C 所示。

22）首先选择脚底的面，如图 3-154 中 A 所示。然后单击 按钮，将脚底以"平面"的形式展开。接着打开"编辑 UVW"对话框，运用 工具和 工具调整脚底的位置，如图 3-154 中 B 所示。

23）进入"UVW 展开"修改器的"面"层级，然后选择小腿护甲上的尖角部分，如图 3-155 中 A 所示。接着单击修改器面板中的 按钮，将小腿上的尖角以"柱形"的

游戏角色设计

形式展开，再旋转贴图坐标的绿色接缝到小腿上尖角的内侧。最后打开"编辑 UVW"对话框，运用▦（移动选定的子对象）工具和▣（旋转选定的子对象）工具调整尖角贴图坐标的位置，再进入贴图坐标的"顶点"层级，利用▦（移动选定的子对象）工具仔细调整这些顶点的位置，最后完成的效果如图 3-155 中 B 所示。

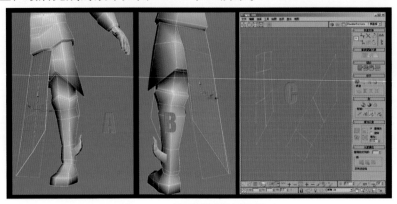

图 3-153　袍子贴图坐标的展开

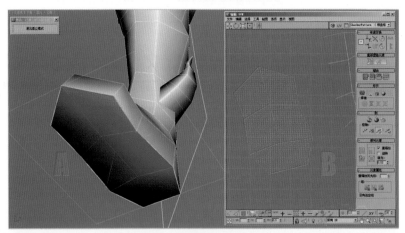

图 3-154　调整脚底贴图坐标

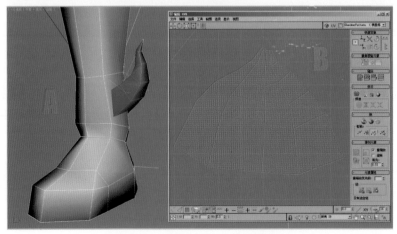

图 3-155　调整小腿尖角的贴图坐标

24）进入"UVW 展开"修改器的"面"层级，然后选择一部分肩甲，如图 3-156 中 A 所示。接着单击修改器面板中的"柱形"按钮，将这部分模型的贴图坐标以"柱形"的形式展开，再旋转贴图坐标的绿色接缝到肩甲的内侧。最后打开"编辑 UVW"对话框，运用 🔲（移动选定的子对象）工具和 🔵（旋转选定的子对象）工具调整尖角贴图坐标的位置，再进入贴图坐标的"顶点"层级，利用 🔲（移动选定的子对象）工具仔细调整这些顶点的位置，最后完成的效果如图 3-156 中 B 所示。

提示：在选择局部的贴图坐标时，有两种方式。第一种是在"编辑UVW"对话框中进行，如图3-157中的C所示（绿色区域）。这种选择方式比较利于对贴图坐标的编辑，但是这种选择方式特别不直观，当在"编辑UVW"对话框中选择了一个"面"时，我们并不知道这个面实际上是在模型什么地方的贴图坐标；第二种选择的方式是在模型上直接选择，如图3-157中D区域所示。这种选择方式是最直观的，可以在模型上选择，在"编辑UVW"对话框中编辑，两个都不耽误，工作起来能更顺畅一些。

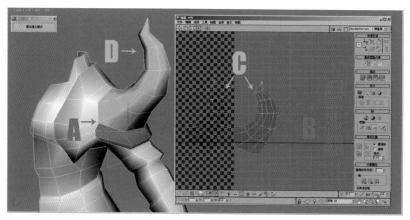

图 3-156 肩甲的贴图坐标编辑

25）分别选择两块尖角的贴图坐标，然后进入"顶点"层级，调整尖角的顶点，将两块尖角中间的点对齐，如图 3-157 中 A 所示。接着选中接缝处的顶点，选择菜单中的"工具 | 焊接选定项"命令，如图 3-157 中 B 所示，将接缝的点焊接到一起。同理，将上一步编辑好的部分肩甲和尖角对齐并焊接到一起，如图 3-157 中 C 所示。

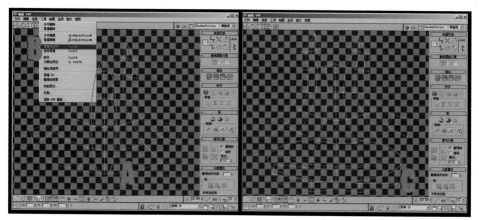

图 3-157 焊接尖角

游戏角色设计

提示：将整个角色的贴图坐标分割成若干份，是为了尽量避免贴图坐标有拉伸，但是贴图坐标如果被分割得太碎，会给以后绘制贴图增加工作量。因此，在保证贴图坐标没有明显拉伸的基础之上，要将一些贴图坐标整合到一起。

26）经过不断地展开、分割和整合，整个角色的贴图坐标被逐个整理一遍，下面对这些贴图坐标进行整体的调整。方法：首先选择模型，然后在视图中右击，从弹出的快捷菜单中选择"转换为|转换为可编辑多边形"命令，将其转换为可编辑的多边形物体，从而将"UVW 展开"修改器进行塌陷，如图 3-158 中 A 所示。由于在编辑贴图坐标的过程中模型被拆分过，因此还要在"修改"面板中单击"附加"按钮，如图 3-158 中 B 所示。然后分别拾取曾经被分离的部分模型，如图 3-158 中 C 所示，从而将模型合并成一个模型。

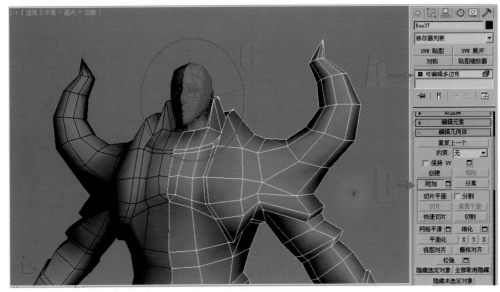

图 3-158　整合角色模型

27）选择角色模型，然后在"修改器列表"中找到"UVW 展开"修改器，将修改器再次添加到模型上。接着单击"修改"面板中的"打开 UV 编辑器"按钮，打开"编辑 UVW"对话框，在对话框中将所有被拆分开的贴图坐标元素，都移动到深蓝色的线框内，并相应地旋转这些元素，重新摆放它们的位置，如图 3-159 中 A 所示。最后完成的结果如图 3-159 中 B 所示。

28）选择整个右半块角色模型，如图 3-160 中 A 所示。然后按〈M〉键，打开材质编辑器。接着选择已有的棋盘格材质的材质球，如图 3-160 中 B 所示。按下鼠标左键，将这个材质球拖动到模型上，从而将材质赋予角色模型，如图 3-160 中 C 所示。最后单击材质编辑器工具栏中的▦（在视口中显示标准材质）按钮，如图 3-160 中 D 所示，让棋盘格贴图在模型的表面显示出来。

29）观察已赋予棋盘格贴图的角色模型，然后根据棋盘格的显示来微调贴图坐标，尽量使所有的黑白格子大小近似、形状近似。图 3-161 中 A 所示为调整贴图坐标后的角色正面效果，图 3-161 中 B 所示为调整贴图坐标后的角色背面效果。调整结束后，角色的所有贴图坐标编辑工作就算完成了。

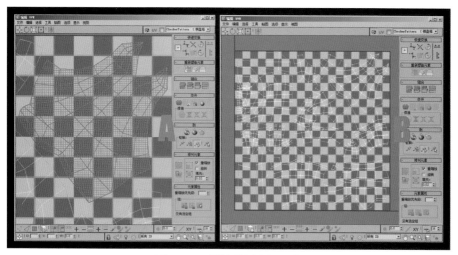

图 3-159　摆放贴图坐标元素

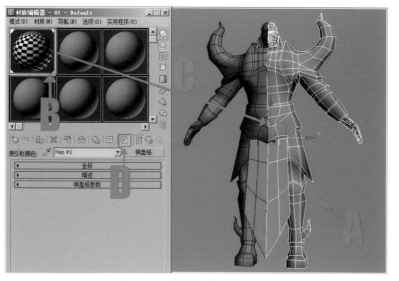

图 3-160　给角色模型赋予材质

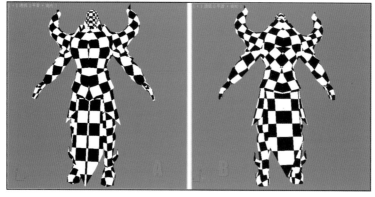

图 3-161　贴图坐标完成效果

游戏角色设计

3.4 游戏中男性角色的贴图绘制

游戏角色的细节基本都是靠贴图来表现的，在有了比较概括的模型和完善的贴图坐标之后，下面开始贴图的绘制。

1）选择角色右边半个模型，如图 3-162 中 A 所示。为模型添加"UVW 展开"修改器，再在"修改"面板中单击"打开 UV 编辑器"按钮，从而打开"编辑 UVW"对话框。接着选择菜单中的"工具 | 渲染 UVW 模板"命令，如图 3-162 中 B 所示。再在打开的"渲染UVs"对话框中设置渲染图片的"宽度"和"高度"均为"1024"，如图 3-162 中 C 所示，最后单击"渲染 UV 模板"按钮，如图 3-162 中 D 所示，从而得到渲染结果，如图 3-162 中E 所示。再单击 ▣（保存图像）按钮，将渲染出来的图片保存为配套光盘中的"贴图 \ 第 3章 网络游戏中男性角色设计 \ 贴图坐标 .tga"文件。

提示：渲染出来的贴图坐标图片用来在绘制贴图时做模板和绘制参考。

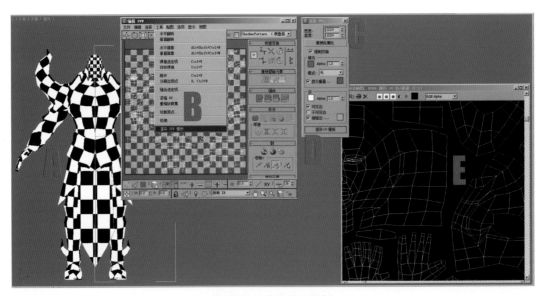

图 3-162 渲染贴图坐标

2）制作灯光烘培贴图。方法：选择视图中角色模型，选择菜单中的"渲染 | 渲染到纹理"命令（快捷键为数字键〈0〉），在弹出的"渲染到纹理"对话框中，选中"贴图坐标"中的"使用现有通道"单选按钮，如图 3-163 中 A 所示。然后确认"通道"为"1"，如图 3-163中 B 所示。接着单击"添加"按钮，如图 3-163 中 C 所示，在弹出的"添加纹理元素"对话框中选择"lightingMap"选项，如图 3-163 中 D 所示。单击"添加元素"按钮，如图 3-164中 E 所示。再将渲染贴图的"宽度"和"高度"改为"1024"，如图 3-163 中 F 所示。单击"渲染到纹理"对话框右下角的"渲染"按钮，如图 3-163 中 G 所示，进行渲染，效果如图 3-163 中 H 所示。最后单击 ▣（保存图像）按钮，将其保存为配套光盘中的"贴图 \ 第3 章 网络游戏中男性角色设计 \ 灯光烘培 .tga"文件。

图 3-163 制作灯光烘培贴图

3）启动 Photoshop CS5 软件，按〈Ctrl+N〉快捷键，在弹出的"新建"对话框中设置文件的名字为"man"，然后设置文件的"宽度"和"高度"均为"1024"像素，分辨率为"72"像素 / 英寸，如图 3-164 所示，单击"确定"按钮。

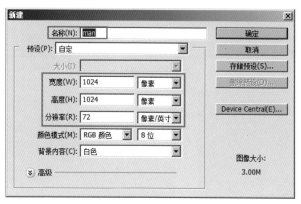

图 3-164 "新建"对话框

4）此时新建的文件是一张白色的空图片，下面在工具箱中单击"前景色"按钮，如图 3-165 中 A 所示，然后设置"前景色"为一种灰色，如图 3-165 中 B 所示。接着按〈Alt+Delete〉快捷键，将文件填充为灰色，如图 3-165 中 C 所示。

> 提示：Photoshop新建文件的大小要和刚才在3ds max中渲染的贴图坐标大小一样，在这里设置的"宽度"和"高度"都是"1024"。在文件中填充灰色是为了在后面绘制贴图时观察起来更方便。

5）在 Photoshop CS5 中打开在 3ds max 中渲染的"贴图坐标 .tga"文件 (该图片文件为配套光盘中的"贴图 \ 第 3 章 网络游戏中男性角色设计 \ 贴图坐标 .tga"文件)，如图 3-166 所示。然后选择工具箱中的 （移动工具），按住〈Shift〉键，将"贴图坐标 .tga"文件移动到"man.jpg"文件上，这时会出现一个新图层，如图 3-167 中 A 所示。将新图层的叠加

游戏角色设计

方式改成"滤色",如图 3-167 中 B 所示。改变图层叠加方式之后,能看到贴图坐标的白色线显示在了图片中。原来贴图坐标图片中的黑色则变成透明的,看不见了。

> 提示:按住〈Shift〉键移动文件,能够让一个文件被移动到一个新文件上时保证在这个新文件的正中间位置,这样能省去对齐这道工序,从而提高工作效率。

图 3-165　填充灰色

图 3-166　贴图坐标

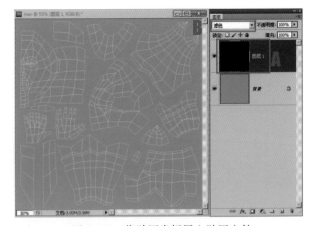

图 3-167　将贴图坐标置入贴图文件

6)同理,将灯光烘焙的效果图也调入到贴图文件中,如图 3-168 中 A 所示。然后改变这个图层的叠加方式为"柔光",如图 3-168 中 B 所示。将两个新图层重命名为"贴图坐标"和"灯光烘焙",如图 3-168 中 C 所示。

> 提示:在绘制贴图时,为了避免因为图层众多造成混乱,一定要养成随时重命名图层的习惯。

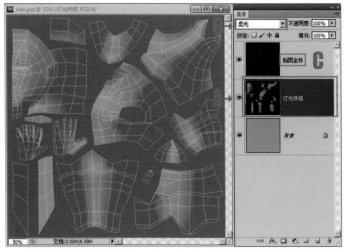

图 3-168 灯光效果

7）隐藏"贴图坐标"图层，如图 3-169 中 A 所示。然后按〈Shift+Ctrl+N〉快捷键，新建一个图层，并将该层重命名为"基础明暗"。接着利用工具箱中的 ✍（画笔工具），用黑白灰在"灯光烘培"图层的基础之上绘制一些明暗效果，此时的绘制不需要太细致，只要有大概的明暗效果就好，效果如图 3-169 中 B 所示。

提示：在绘制明暗的时候，也可以用黑白来简单绘制一下盔甲等部位的轮廓。在绘制时，要注意调节画笔的大小和画笔的透明度，画笔的透明度设置得较低，能够使画出来的笔触更柔和，绘制细节部分时要适当地改变画笔的大小。

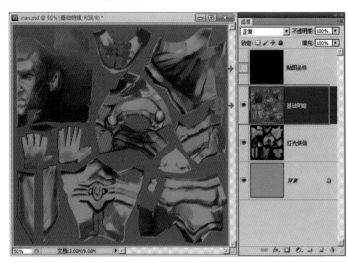

图 3-169 基础明暗

8）继续在"基础明暗"图层上绘制，利用明暗将盔甲的各部分进行区分，如图 3-170 中 A 所示。比如胸甲和腰带部分的细节较多，在利用黑白色进行绘制的这个阶段就要将细节部分区分好，否则到了上色阶段，再开始画这些细节就要考虑太多东西，要麻烦得多。

提示：此时用黑白绘制的盔甲主要是起提示作用，不用画得太精致。

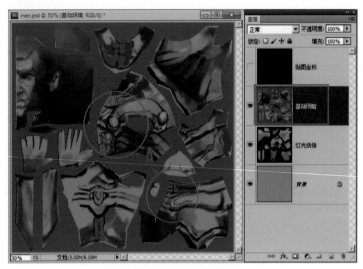

图 3-170　用黑白绘制盔甲细节

9) 选择"灯光烘焙"图层，如图 3-171 中 A 所示。然后选择工具箱中的 （魔棒工具），如图 3-171 中 B 所示。在贴图的空白部分单击，从而得到这部分的选区，如图 3-171 中 C 所示。接着按〈Shift+Ctrl+I〉快捷键反选选区，从而得到贴图部分的选区。

提示：1.在创建选区后，画笔只在选区范围内才会起作用，因此，在绘制时不用担心因为不小心而将笔触画到不该画的地方。

2. （魔棒工具）的快捷键是〈W〉，它是一个快速得到选区的工具，工作原理是能将颜色近似的部分同时选中，正好贴图的背景现在是统一的灰色，因此，用魔棒工具能快速地选择贴图的背景。

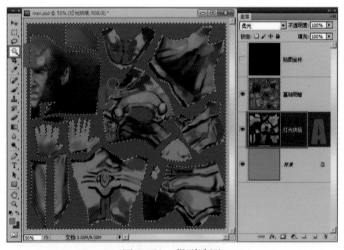

图 3-171　得到选区

10) 按〈Shift+Ctrl+N〉快捷键，新建一个图层，并将其重命名为"主色调"。然后利用上一步的方法得到贴图的选区，接着利用工具箱中的 （油漆桶工具）在选区中填充一些主要的大色块，完成的效果如图 3-172 所示。

提示：在做主色调的时候，要选择一些相对统一的颜色，比如，现在选择的色调是纯度很低的紫红，那么，所有填充的颜色就都围绕这个颜色来变化，变化的时候注意纯度不能太高，太高会显得很艳俗，毕竟现在不是绘制卡通风格的角色，因此色调还是要沉稳一些。那么，为什么是红色而不是蓝色或者绿色呢？整个贴图的色彩倾向是什么颜色不是凭空捏造的，而是来源于原画设计图。因为原画就是紫红色调，所以，在绘制贴图时也一定要按照原画的色调来进行绘制。

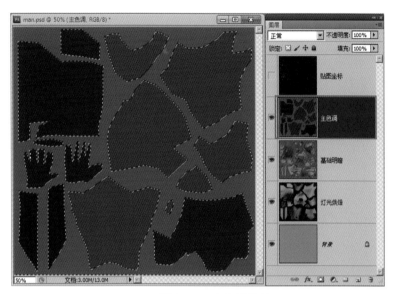

图 3-172　大色块效果

11）在有了主色调之后，下面开始做一些简单的变化，比如将脸部的亮面和暗面区分开，将金属盔甲和衣服布料区分开，如图 3-173 所示。

提示：在添加变化色时，一定要注意不能脱离主色调，变化不能强烈。要把颜色控制住，不要释放得太过分。

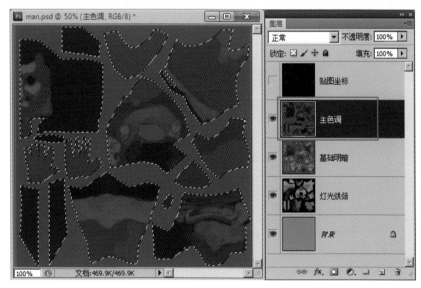

图 3-173　添加色彩变化

12）在良好的色调基础之上，下面逐渐添加一些细节，比如五官的刻画、盔甲的一些层次的划分、盔甲的纹饰等，效果如图 3-174 所示。

提示：在添加细节时，要注意保持整体效果，也就是说在绘制时，不要钻到某一个局部中去，在绘制过程中即时查看整体效果，换一个地方来画，这样的绘制方法虽然会有些麻烦，不能让绘制的过程很尽兴。但是，这种保持整体的习惯在画贴图的大效果时是很关键的。只有从整体出发，才能把握住色调。把握好色调后，再进行局部的绘制。

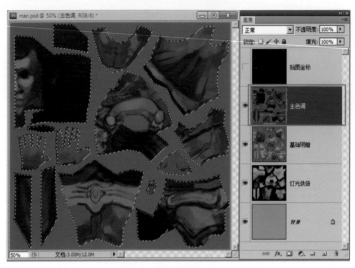

图 3-174　继续添加细节的效果

13）按〈Shift+Ctrl+N〉快捷键，新建一个图层，并将其重命名为"头部"，如图 3-175 中 A 所示。这次开始局部的绘制，用透明度较低的画笔，细致地绘制头部，绘制的时候要兼顾原画中角色的面部特征，完成后的结果如图 3-175 中 B 所示。

提示：在新建图层的时候，除了按〈Shift+Ctrl+N〉快捷键之外，还有一种方式，就是通过按图3-175中C所示的图标来实现。

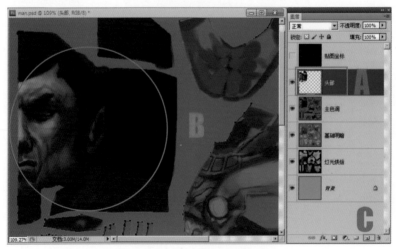

图 3-175　脸部的绘制

14）按〈Shift+Ctrl+N〉快捷键，新建一个图层，并将其重命名为"盔甲"，如图 3-176 中 A 所示。然后在这个图层中将胸甲的层次分出来，比如将金属部分和布料部分分开、将金属盔甲的黄色金属和白色金属分开、将胸甲尖角部分的纹饰画出来等，如图 3-176 中 B 所示。

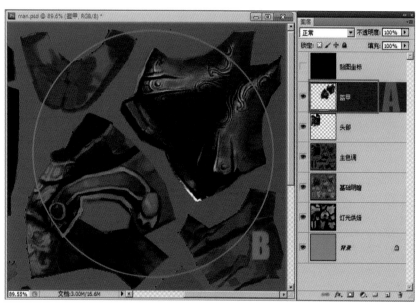

图 3-176　胸部盔甲基础

15）继续绘制胸甲，将盔甲中纹饰刻画出来，并且着重强调金属的质感，尤其是高光部分要足够强烈，如图 3-177 所示。

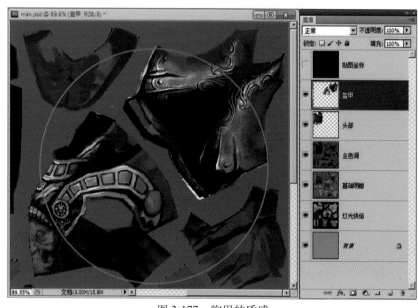

图 3-177　胸甲的质感

16）参考如图 3-178 所示的原画，可以发现在整个盔甲中最复杂、细节最多的部分是战士腹部的兽头图案。这个部分如果在绘制贴图时再重新画一遍会花费很多的时间，而且并不是每一个绘制贴图的三维美工，都具备二维美工那样好的绘画能力。因此，一旦遇到特别复杂的贴图部分，可以直接用原画来做贴图。方法：在 Photoshop CS5 中打开配套光盘中的"原画 \ 第 3 章 网络游戏中男性角色设计 \ 原画 .jpg"文件，然后利用工具箱中的 (套索工具)创建腹部的纹饰选区，接着按〈Ctrl+C〉快捷键，复制所选择的部分。

17）回到贴图文件中，按〈Ctrl+V〉快捷键，将原画中的纹饰粘贴进贴图，然后调整纹饰的大小和位置。接着利用 (画笔工具) 在纹饰外做一些适当的修改，让纹饰和盔甲的其他部分能融合到一起，最后完成的效果如图 3-179 所示。

图 3-178　原画中的复杂纹饰

图 3-179　贴图中的复杂纹饰

18）同理，继续绘制盔甲和衣服，完成小腿、小臂和腰部等部分，如图 3-180 所示。

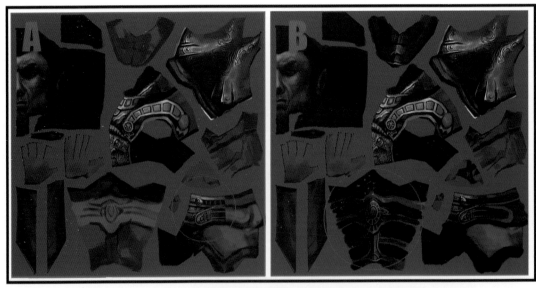

图 3-180　继续绘制盔甲

19）同理，继续深入刻画盔甲的腰带及小腿的护甲，如图 3-181 所示。

20）在绘制较复杂的部分时，尽可能地要利用已有的部分，如图 3-182 中大腿部分的盔甲。此时就可以先画其中的一部分，然后利用复制、粘贴的方法制作出另外一半。

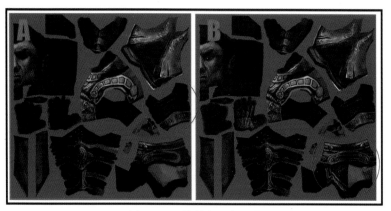

图 3-181 绘制小腿和腰带

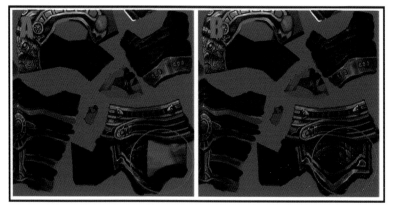

图 3-182 大腿护甲的复制

21） 继续绘制小腿，将小腿的纹饰加上去，并将小腿的层次分清楚 （分出哪些是金属，哪些是布料），如图 3-183 中 A 所示。然后继续绘制一些细节部分，比如尖角根部有些空，可以在这个部分添加一些方形的白色金属块做装饰的纹理，如图 3-183 中 B 所示。至此，贴图的绘制也就基本完成了。

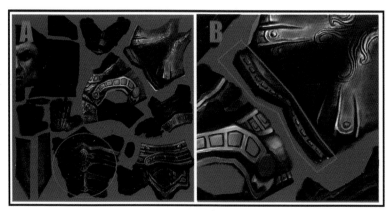

图 3-183 添加纹饰

提示：要想区分开金属和布料材质，首先要研究这两种材质的区别。这个区别要到现实生活中去观察，比如一般的布料是比较粗糙的，没有光泽，没有高光；而一般的金属都有着光滑的表面，有其他物体对它的影响，一般都具有比较强烈的高光。

22）将文件另存为"man.jpg"文件，该文件位于配套光盘中的"贴图\第3章 网络游戏中男性角色设计\man.jpg"。

23）回到3ds max 2012，然后按〈M〉键，打开材质编辑器。再选择已经设定好的带有棋盘格的材质球，如图3-184中A所示。单击"漫反射"右侧的按钮，如图3-184中B所示。接着单击如图3-184中C所示的图标，在打开的"材质/贴图浏览器"对话框中选择"位图"选项，如图3-184中D所示，单击"确定"按钮。最后在弹出的"选择位图图像文件"对话框中选择配套光盘中的"贴图\第3章 网络游戏中男性角色设计\man.jpg"，单击"打开"按钮，将其赋予材质球。

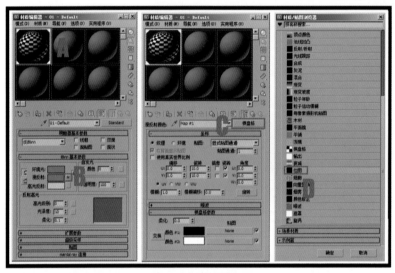

图3-184 添加位图

24）选择有了贴图的材质球，按下鼠标左键，然后将其拖动到模型上，松开鼠标，这样就快速地完成了将材质赋予模型的过程，如图3-185所示。

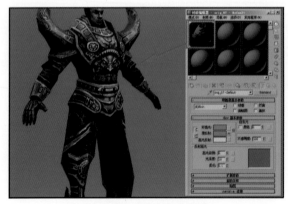

图3-185 赋予模型材质

25）参照原画再对整个贴图和模型的效果进行一些细致的调整，尽量让三维角色的效果贴近二维原画，最后完成的效果如图3-186所示。

图3-186　参照原画做最后调整

26）不要忘记角色背面的效果，要记住多观察背后和侧面等容易忽略的角度来完善模型和贴图的效果，如图3-187所示。最终完成的头部和胸部特写如图3-188所示。最终完成的躯干和手臂的特写如图3-189所示。

图3-187　背面和侧面

图3-188　头部胸部特写

图 3-189　躯干和手臂的特写

3.5　课后练习

　　利用本章学习的知识制作一个男性角色，如图 3-190 所示，参数可参考配套光盘中的"课后练习 \ 第 3 章 \ 矮人 .zip"文件。

图 3-190　课后练习效果

第 4 章　网络游戏中多足 NPC 角色设计 ——蜘蛛的制作

　　本章主要讲解游戏中比较常见的多足 NPC 角色——蜘蛛的制作方法。本例效果图及 UVW 展开图如图 4-1 所示，放置到编辑器中进行测试的最终效果如图 4-2 所示。通过本章 的学习，读者应掌握游戏中多足 NPC 角色——蜘蛛的建模方法和美术表现技巧，并加深对 游戏 NPC 角色制作的理解。

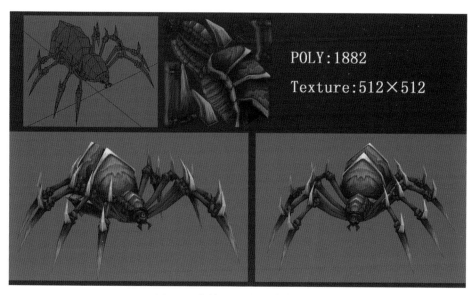

图 4-1　蜘蛛 NPC 的最终效果图

图 4-2　编辑器测试效果

游戏角色设计

4.1 原画造型分析

在制作游戏角色模型时，不管是人物角色还是怪物角色，在制作之前都要对原画设定（本例原画为配套光盘中的"原画\第 4 章 网络游戏中多足 NPC 角色设计——蜘蛛的制作\多足角色(蜘蛛)原画.psd"，如图 4-3 所示）进行分析，以便在以后的制作中准确地把握形体并合理利用贴图资源，更好地对角色细节进行刻画。在游戏设计过程中，首先是确定角色基本比例结构，然后按照从整体到局部、由大体到细节的制作方式，进行整体的规划和设计，把握整体的制作效果。同

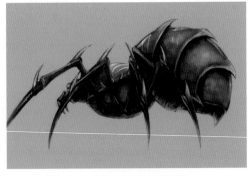

图 4-3　多足角色原画设定

时可以对一些细节部位进行单独绘制，如头部的结构及躯干部分的造型等。

本例要制作的多足 NPC 角色——蜘蛛的标准设定文案如下。

- 背景：此角色表现的是一个网络游戏中的城外 NPC。形态比较邪恶凶悍，属于游戏中的任务类 NPC。
- 特征：中等体型，攻击速度较快。
- 技能：此角色不但近战威力强，也能施展蛛丝限制、喷射毒素等远程攻击手段。

4.2 单位设置

在制作游戏角色之前，要根据项目要求来设置软件的系统参数，包括单位尺寸、网格大小、坐标点的定位等。不同的游戏项目，对系统参数有着不同的特殊要求。本例使用的是游戏开发中比较通用的设置方法。

1）进入 3ds max 2012 操作界面，然后选择菜单中的"自定义|单位设置"命令，在弹出的"单位设置"对话框中选择"公制"单选按钮，再从其下拉列表框中选择"米"选项，如图 4-4 所示。接着单击"系统单位设置"按钮，在弹出的如图 4-5 所示的对话框中将"系统单位比例"值设为"1 单位 =1.0 米"，单击"确定"按钮，从而完成系统单位的设置。

图 4-4　"单位设置"对话框

图 4-5　设置系统单位

2）设置系统显示内置参数，这样可以在制作中看到更真实（无须通过渲染才能查看）的视觉效果。方法：选择菜单中"自定义|首选项"命令，弹出"首选项设置"对话框，切换到"视口"选项卡，如图 4-6 所示，然后单击"显示驱动程序"选项组中的"选择驱动程序"按钮，弹出"显示驱动程序选择"对话框，如图 4-7 所示，选择"Direct3D"单选按钮，从而完成显示设置。

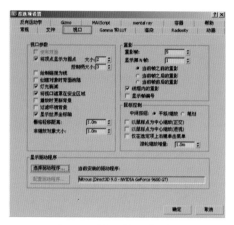

图 4-6　选择"视口"选择卡　　　　　图 4-7　选择"Direct3D"单选按钮

4.3　制作多足角色——蜘蛛的模型

对于制作一个游戏中的角色来说，深入刻画的身体结构与形体表现，可以直接影响后期的贴图及动画的制作品质，好的形体表现能够让角色充满生命力，更具感染力。多足角色模型的制作分为身体和肢体两个部分。

4.3.1　制作蜘蛛的身体

1）打开 3ds max 2012 软件，单击 （创建）面板下 （几何体）中的"长方体"按钮，在透视图中创建一个长方体。然后在 （修改）面板中设置模型长、宽和高的值分别为 0.06m、0.11m、0.06m，再把长、宽和高分段数均设为 1，如图 4-8 所示。接着选择长方体，再按键盘上的〈M〉键打开材质编辑器，最后选择一个默认材质球，单击 （将材质指定给选定对象）按钮，如图 4-9 所示，从而指定给长方体一个默认材质。

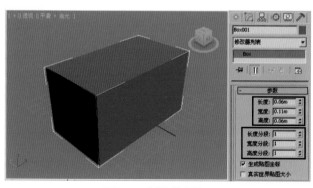

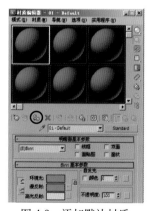

图 4-8　创建长方体　　　　　　图 4-9　添加默认材质

2）右击视图中的长方体，从弹出的快捷菜单中选择"转换为 | 转换为可编辑多边形"命令，将长方体转为可编辑多边形。然后进入可编辑多边形的 ◁（边）层级，在前视图框选长方体横向的边，如图4-10中A所示。接着右击，从弹出的快捷菜单中选择"连接"命令，如图4-10中B所示，在长方体上添加一圈边，如图4-10中C所示。

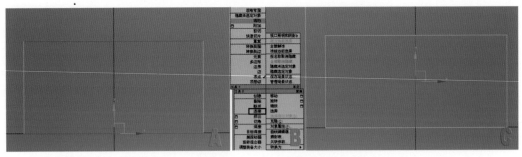

图4-10　添加一圈边

3）进入 ▣（多边形）层级，在前视图中框选长方体左侧的多边形，如图4-11中A所示，然后按〈Delete〉键删除，如图4-11中B所示。接着单击工具栏中的 ▦（镜像）工具，在弹出的对话框中选择"实例"镜像方式，如图4-12所示，单击"确定"按钮，从而复制出另外一侧的模型。

　　提示：切换视图可以使用快捷键进行。切换到前视图的快捷键为〈F〉，切换到左视图的快捷键为〈L〉，切换到顶视图的快捷键为〈T〉，切换到透视图的快捷键为〈P〉。

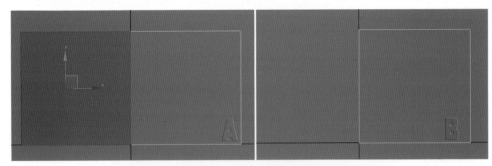

图4-11　删除一侧多边形

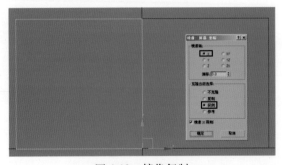

图4-12　镜像复制

4）进入 ⋮（顶点）层级，在前视图中调整长方体造型，如图4-13中A所示，然后进入 ◁（边）层级，在左视图中框选所有横向的边，再右击，在弹出的快捷菜单中选择"连接"命令，在连接边对话框中将分段数调整为2，从而在长方体侧面添加两圈边，如图4-13中B所示。接着进入 ⬚（顶点）层级，使用 ✛（选择并移动）工具分别在右视图和前视图调整长方体整体造型，如图4-14所示。同理，进入 ◁（边）层级，使用右键快捷菜单中的"连接"命令，在长方体底部的边上添加一段边，如图4-15中A所示。最后进入 ⬚（顶点）层级，使用 ✛（选择并移动）工具调整造型，如图4-15中B所示。

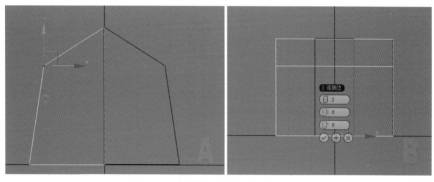

图4-13 调整长方体形状并添加边

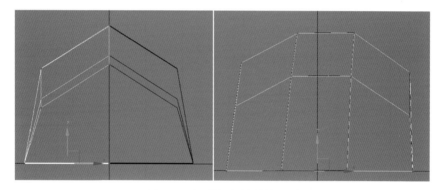

图4-14 调整长方体整体造型

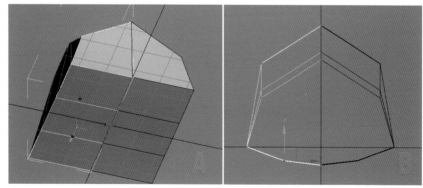

图4-15 添加边并调整造型

5）进入 ⬚（顶点）层级，框选最前面的一排点，使用 ▣（选择并均匀缩放）工具将其整体缩小，然后框选最后面的一排点，再使用 ▣（选择并均匀缩放）工具将其整体缩小。

接着使用 ✛（选择并移动）工具调整造型，如图 4-16 所示。最后进入前视图，使用右键快捷菜单中的"剪切"命令，在模型前面添加边，如图 4-17 所示。

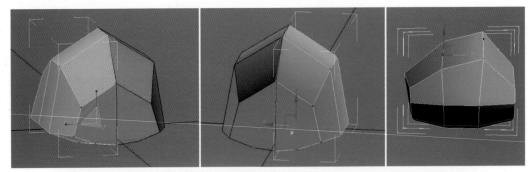

图 4-16　整体缩放顶点并调整形状

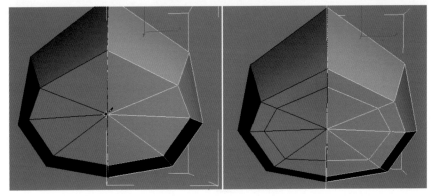

图 4-17　在模型上添加边

6）进入 ▣（多边形）层级，选择顶部中心的多边形，如图 4-18 中 A 所示，然后单击 ▨（修改）面板中"编辑多边形"卷展栏下方"挤出"右侧的按钮，在弹出的"挤出多边形"对话框中调整参数，挤出头部造型，如图 4-18 中 B 所示。接着选择内侧看不见的多边形，如图 4-19 所示，再按〈Delete〉键进行删除。最后进入 ∴（顶点）层级，选取中间的顶点，再使用 ✛（选择并移动）工具调整出头部造型，如图 4-20 所示。

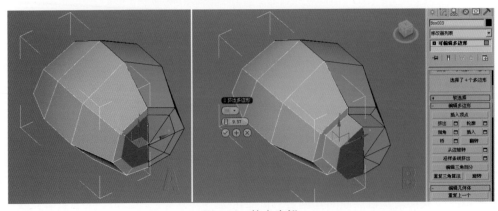

图 4-18　挤出头部

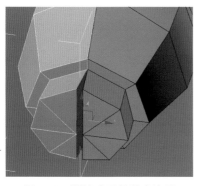 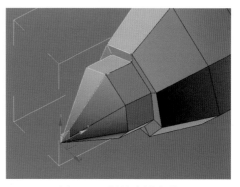

图 4-19　删掉看不见的多边形　　　　　　　图 4-20　调整头部造型

7）进入 ◁（边）层级，框选脖子处的边，再选择右键快捷菜单中的"连接"命令，添加一圈边，如图 4-21 中 A 所示，然后使用工具栏中的 🔲（选择并均匀缩放）工具整体缩小，调整出脖子造型，如图 4-21 中 B 所示。接着参考制作头部的方法，选择右键快捷菜单中的"剪切"命令，在模型末端添加边，如图 4-22 所示。

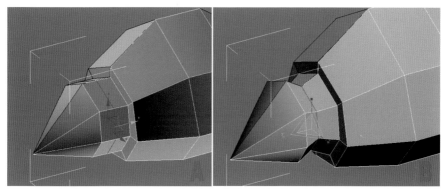

图 4-21　调整脖子造型

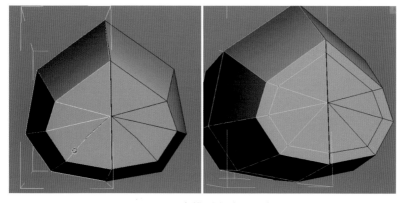

图 4-22　在模型末端添加边

8）进入 ■（多边形）层级，选择末端的多边形，如图 4-23 中 A 所示。然后单击 🔲（修改）面板中"编辑多边形"卷展栏下方"挤出"右侧的按钮，在弹出的"挤出多边形"对话框中调整参数，挤出尾部造型，如图 4-23 中 B 所示。接着选择内侧看不见的多边形，如图 4-24 所示，再按〈Delete〉键进行删除。

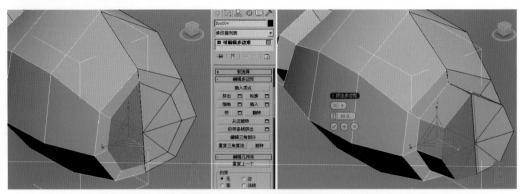

图 4-23　挤出尾部造型

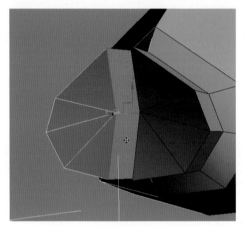

图 4-24　删除多余的多边形

9）进入 层级，选中最末端边的顶点，再使用 工具向后拖出一段造型，如图 4-25 所示。然后进入 层级，选择右键快捷菜单中的"连接"命令，在拖出的造型上添加 3 圈边，如图 4-26 所示。接着进入 层级，再选中中间分段上的顶点，最后使用 工具和 工具调整身体造型，如图 4-27 所示。

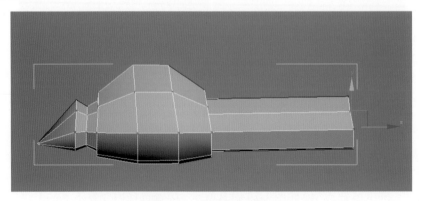

图 4-25　向后拖曳顶点

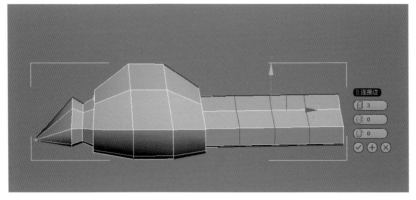

图 4-26 添加 3 圈边

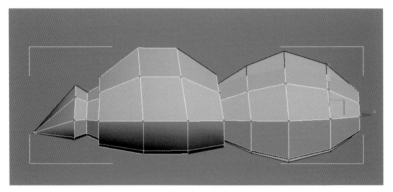

图 4-27 调整身体造型

10）进入 ▫（顶点）层级，选择身体末端的顶点，再使用 ✛（选择并移动）和 ↻（选择并旋转）工具调整出尾部造型，如图 4-28 所示。然后选择右键快捷菜单中的"剪切"命令在背部位置添加一条边，如图 4-29 中 A 所示，再调整其造型，制作出背部硬壳边缘，效果如图 4-29 中 B 所示。接着在硬壳边缘下方也添加一条边，再调整顶点，制作出边缘的厚度，效果如图 4-30 所示。

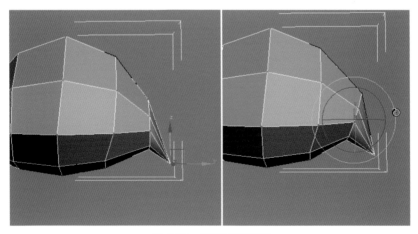

图 4-28 制作尾部造型

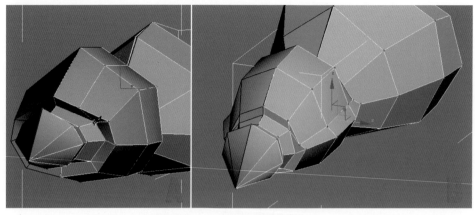

图 4-29　添加边并调整背部细节

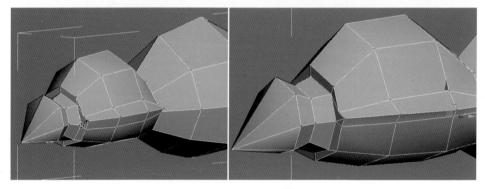

图 4-30　添加边并调整出硬壳厚度

　　11）选择右键快捷菜单中的"目标焊接"命令，然后单击要合并的顶点，再拖至目标顶点处单击，如图 4-31 中 A 所示，从而将多余的顶点合并，效果如图 4-31 中 B 所示。同理，清理其他部分的多余顶点。接着进入 ◁ （边）层级，框选头部的边，再选择右键快捷菜单中的"连接"命令，在头部添加一圈边，如图 4-32 中 A 所示，最后进入 ⬚ （顶点）层级，使用 ✛ （选择并移动）工具调整头部造型，如图 4-32 中 B 所示。

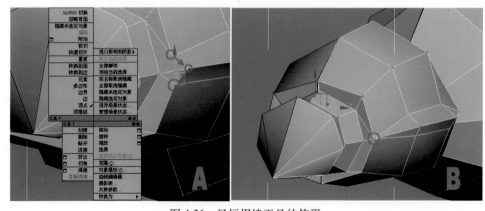

图 4-31　目标焊接工具的使用

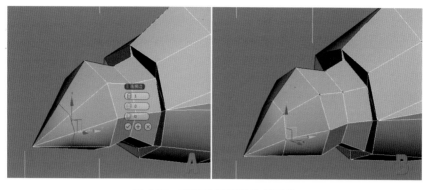

图 4-32 添加边并调整头部形状

12）选择右键快捷菜单中的"剪切"命令，在眼睛部位添加边，如图 4-33 中 A 所示，然后进入 [..]（顶点）层级，使用 [+]（选择并移动）工具调整眼部细节，如图 4-33 中 B 所示。接着进入 [◁]（边）层级，选择右键快捷菜单中的"连接"命令，在背、腹部交接处添加一圈边，如图 4-34 中 A 所示，再进入 [..]（顶点）层级，使用 [+]（选择并移动）工具调整腹部造型，如图 4-34 中 B 所示。再按照同样的方法，调整身体其他部分的造型，如图 4-35 所示。

提示：如果在操作过程中不慎产生废点，可以框选产生废点的部分，并在右键快捷菜单中选择"塌陷"命令，将废点合并在一起；如果要去掉多余的边，可以在按住〈Ctrl〉键的同时，选择多余的边，再单击 [✎]（修改）面板中"编辑边"卷展栏下的"移除"按钮去除。

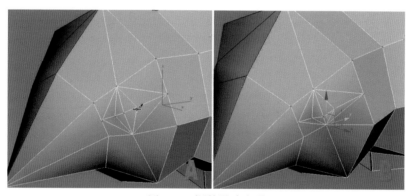

图 4-33 调整眼睛造型

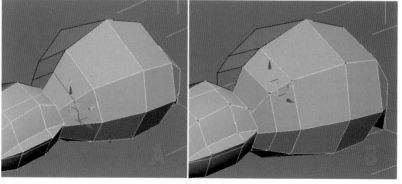

图 4-34 添加边并调整腹部造型

游戏角色设计

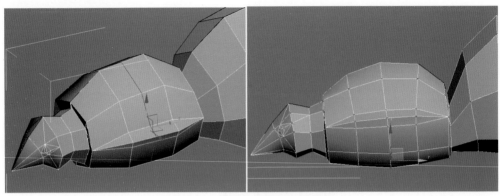

图 4-35　添加边并调整身体造型

13）进入 ◁（边）层级，选择右键快捷菜单中的"连接"命令，在蜘蛛模型腰部的位置添加一圈边，如图 4-36 中 A 所示，再使用 ▢（选择并均匀缩放）工具缩放出腰部，如图 4-36 中 B 所示。然后进入 ∷（顶点）层级，选择右键快捷菜单中的"剪切"命令，在腹部侧面添加一条边，如图 4-37 中 A 所示，接着使用 ✛（选择并移动）工具将添加边向腹部内侧移动，如图 4-37 中 B 所示。同理，制作出腹部下方同样的结构，如图 4-38 所示。

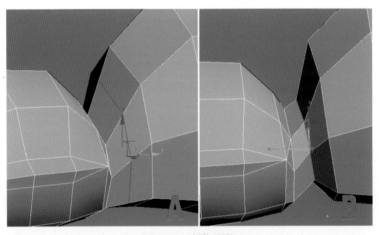

图 4-36　制作腰部

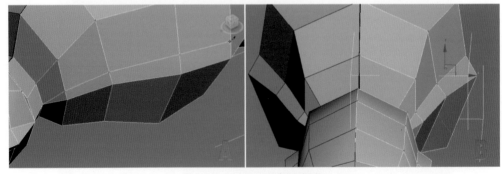

图 4-37　制作腹部侧面细节

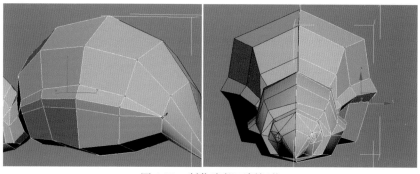

图 4-38　制作腹部下侧细节

14）进入 ⬚（顶点）层级，选择右键快捷菜单中的"剪切"命令，在蜘蛛模型腹部背面的位置添加边，如图 4-39 中 A 所示，再使用 ✛（选择并移动）工具调整顶点，效果如图 4-39 中 B 所示。然后进入 ▣（多边形）层级，选中背部顶部的多边形，再单击 ✎（修改）面板中"编辑多边形"卷展栏下方"挤出"右侧的按钮挤出厚度。接着选择中间的多边形，将其删除，再进入 ⬚（顶点）层级，使用 ✛（选择并移动）工具调整整体造型，如图 4-40 所示。最后选择右键快捷菜单中的"目标焊接"命令，合并多余的顶点，再使用 ✛（选择并移动）工具调整出尖刺造型，如图 4-41 所示。

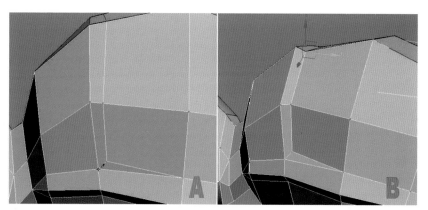

图 4-39　制作背部细节造型

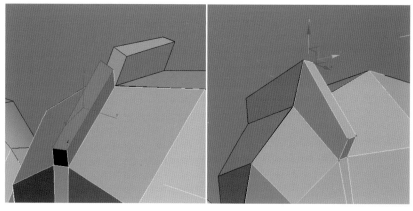

图 4-40　挤出尖刺厚度并调整造型

3ds max + Photoshop

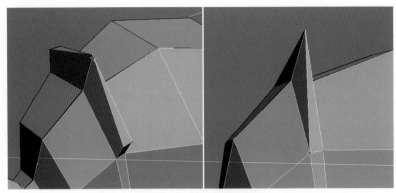

图 4-41 焊接不需要的点

15) 按照同样的方法，制作出其余的尖刺结构，效果如图 4-42 所示。

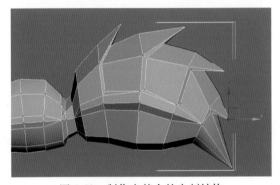

图 4-42 制作出其余的尖刺结构

16) 制作蜘蛛的触角。方法：单击 ▓ (创建) 面板下 ⊙ (几何体) 中的"长方体"按钮，在透视图中参照头部创建一个长方体，如图 4-43 中 A 所示。然后右击，从弹出的快捷菜单中选择"转换为|转换为可编辑多边形"命令，将长方体转为可编辑多边形。接着使用 ▓ (选择并均匀缩放) 工具和 ✛ (选择并移动) 工具调整长方体的大小和位置，如图 4-43 中 B 所示。最后，进入 ⁚ (顶点) 层级，选择右键快捷菜单中的"塌陷"命令，合并顶点，如图 4-44 所示。

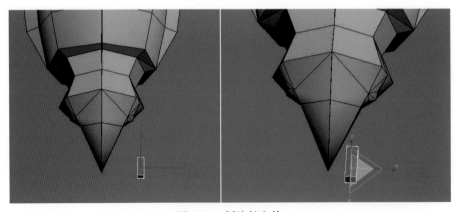

图 4-43 创建长方体

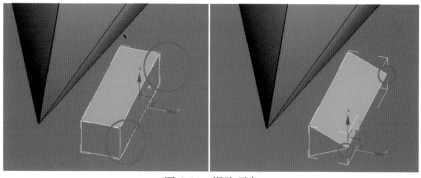

图 4-44 塌陷顶点

17）进入 ◁（边）层级，选择右键快捷菜单中的"连接"命令，在长方体侧面添加一圈边，如图 4-45 中 A 所示，再进入 ·.（顶点）层级，选择右键快捷菜单中的"塌陷"命令，合并前端的顶点，如图 4-45 中 B 所示。然后使用 ◳（选择并均匀缩放）工具和 ◈（选择并移动）工具调整出触角造型，再摆到适当的位置，如图 4-46 所示。

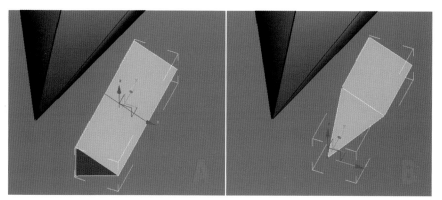

图 4-45 编辑长方体造型

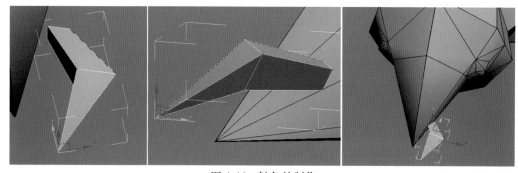

图 4-46 触角的制作

18）删除左侧模型，再整体框选右侧模型，然后选择菜单中的"组 | 成组"命令，将右侧模型整体成组，如图 4-47 所示。接着单击 ⧉（层次）面板中"轴"标签下的"仅影响轴"按钮，将坐标轴的 X 轴归零，如图 4-48 所示。最后单击工具栏中的 ⋈（镜像）工具，以"实例"镜像方式对称复制出另一半身体，如图 4-49 所示。

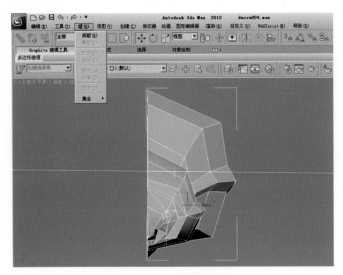

图 4-47　将右侧模型成组

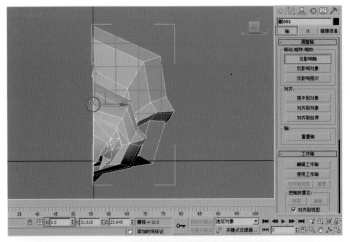

图 4-48　调整右侧模型的坐标轴位置

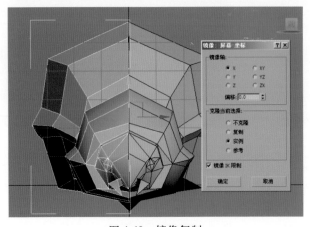

图 4-49　镜像复制

19）为了刻画触角的细节，需要继续在触角模型上添加边。方法：选择菜单中的"组 | 解组"命令，将已经组合的模型解散，然后进入 ◁（边）层级，选择右键快捷菜单中的"连接"命令，在触角上添加一圈边，如图 4-50 中 A 所示。接着进入 ⸬ （顶点）层级，使用 ✛（选择并移动）工具调整触角造型，效果如图 4-50 中 B 所示。

提示：步骤1）~17）的制作演示详见配套光盘中的"多媒体视频文件\第4章 网络游戏中多足NPC角色设计——蜘蛛的制作\身体制作.avi"视频文件。

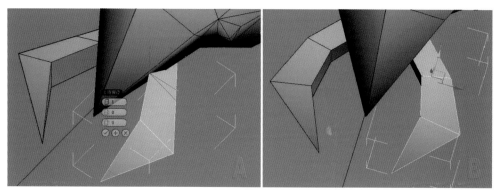

图 4-50　调整触角模型细节

4.3.2　制作蜘蛛的肢体

蜘蛛的肢体由 8 条步足组成，它们的结构基本相同，下面只要制作出蜘蛛的一条步足，然后通过复制的方式制作出其余步足即可。

1）蜘蛛的每条步足分为 3 节。下面制作步足与身体相连接的第 1 节的基础模型。方法：单击 ⚒（创建）面板下 ○（几何体）中的"圆柱体"按钮，参照原画中第 1 节步足的大小在透视图中创建一个圆柱体，如图 4-51 所示。然后激活 ◬（角度捕捉切换）按钮，再使用 ○（选择并旋转）工具调整圆柱体的角度，如图 4-52 所示。接着右击，从弹出的快捷菜单中选择"转换为 | 转换为可编辑多边形"命令，将圆柱体转为可编辑多边形。

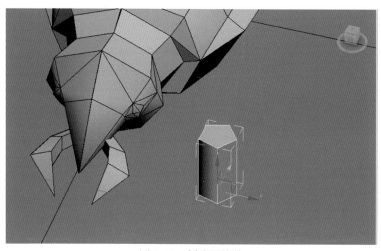

图 4-51　创建圆柱体

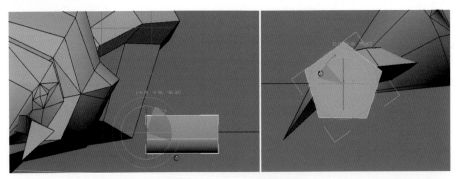

图 4-52　调整圆柱体的角度

2）进入 ▦（顶点）层级，然后在前视图使用 ✛（选择并移动）工具调整圆柱体的造型，如图 4-53 中 A 所示，再进入 ◁（边）层级，选择右键快捷菜单中的"连接"命令在圆柱体上添加两圈边，如图 4-53 中 B 所示。接着进入 ▦（顶点）层级，使用 ✛（选择并移动）、↻（选择并旋转）和 ▣（选择并均匀缩放）工具，调整圆柱体的造型，从而制作出步足与身体相连接的第 1 节的大体模型，如图 4-54 所示。

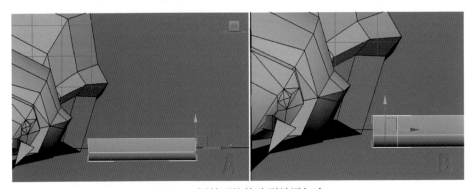

图 4-53　调整圆柱体造型并添加边

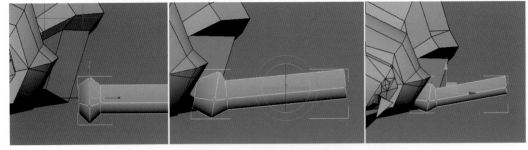

图 4-54　调整圆柱体细节造型

3）选择右键快捷菜单中的"剪切"命令，在腿部关节部分添加边，如图 4-55 中 A 所示，然后进入 ▦（顶点）层级，使用 ✛（选择并移动）工具调整腿部造型，如图 4-55 中 B 所示。接着选择右键快捷菜单中的"连接"命令，在腿部继续添加边。再进入 ▦（顶点）层级，使用 ✛（选择并移动）、↻（选择并旋转）和 ▣（选择并均匀缩放）工具，调整出步足的第 1 节整体造型，使造型更加美观，如图 4-56 所示。

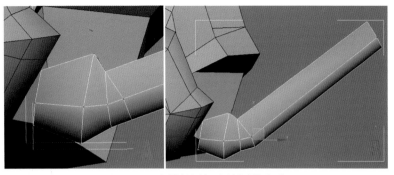

图 4-55　在腿部添加边并调整造型

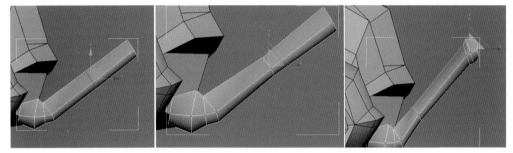

图 4-56　腿部的细致调整

4）制作步足的第 2 节模型。方法：单击 面板下 中的"圆柱体"按钮，然后参照原画中的第 2 节步足的大小，在透视图中创建一个圆柱体，如图 4-57 所示，再将圆柱体转换为可编辑多边形。接着使用 和 工具调整圆柱体的位置和角度，如图 4-58 所示。再进入 层级，选择右键快捷菜单中的"连接"命令，在圆柱体上添加 4 圈边，如图 4-59 中 A 所示。最后进入 层级，使用 、和 工具，调整圆柱体的造型，使圆柱体与腿部合理衔接，如图 4-59 中 B 所示。

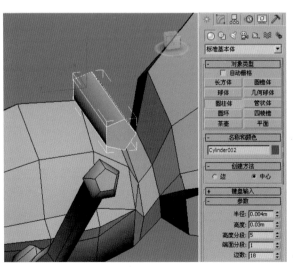

图 4-57　创建圆柱体

游戏角色设计

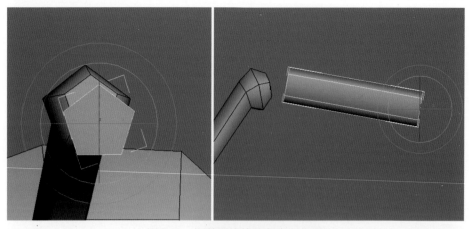

图 4-58　调整圆柱体的角度和位置

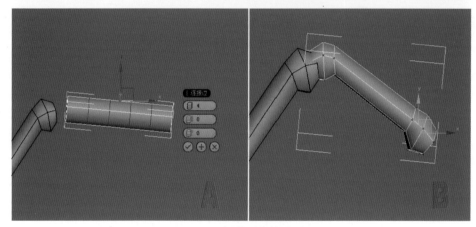

图 4-59　调整圆柱体造型

5）制作步足第 2 节上的尖角造型。方法：进入 ⬚（顶点）层级，再选择右键快捷菜单中的"剪切"命令，在新建的腿部关节处添加边，如图 4-60 中 A 所示。然后使用 ⬚（选择并移动）工具，选择中间的顶点向上拖曳出尖角，如图 4-60 中 B 所示，接着进入 ⬚（边）层级，再选择右键快捷菜单中的"连接"命令，在尖角侧面添加一圈边，如图 4-60 中 C 所示，最后进入 ⬚（顶点）层级，使用 ⬚（选择并移动）工具，调整出尖角的整体造型，如图 4-61所示。

6）制作步足的第 3 节（末端肢体）模型。方法：单击 ⬚（创建）面板下 ⬚（几何体）中的"圆柱体"按钮，然后参照原画中的第 3 节步足的大小，在右视图中创建一个圆柱体，再将圆柱体转换为可编辑多边形。接着使用 ⬚（选择并移动）和 ⬚（选择并旋转）工具，调整圆柱体的位置和角度，如图 4-62 所示。再进入 ⬚（边）层级，选择右键快捷菜单中的"连接"命令，在圆柱体上添加 3 圈边，如图 4-63 中 A 所示。再接着进入 ⬚（顶点）层级，使用 ⬚（选择并移动）、⬚（选择并旋转）和 ⬚（选择并均匀缩放）工具，调整圆柱体的造型，使圆柱体上端与腿部合理衔接，如图 4-63 中 B 所示。最后选择右键快捷菜单中的"塌陷"命令，将圆柱下端的所有顶点合并，再使用 ⬚（选择并移动）工具调整细节，制作出末端肢体，效果如图 4-63 中 C 所示。

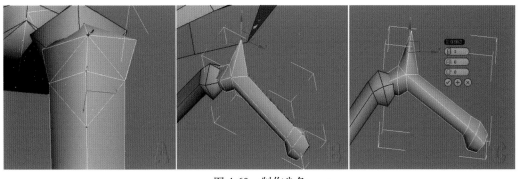

图 4-60　制作尖角

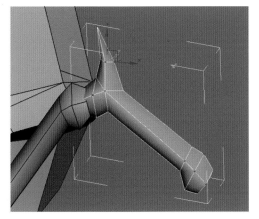

图 4-61　调整尖角细节

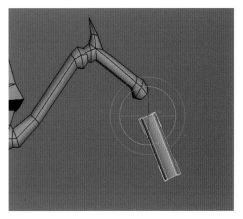

图 4-62　调整圆柱体的位置和角度

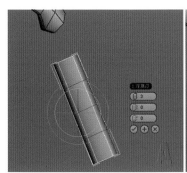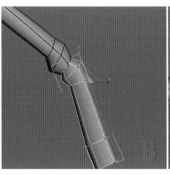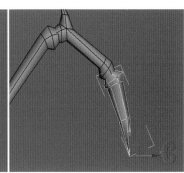

图 4-63　制作末端肢体

　　7）制作步足第 3 节（末端肢体）上的尖角造型。方法：选择右键快捷菜单中的"剪切"命令，在末端肢体上添加边，如图 4-64 中 A 所示，然后使用 ✛（选择并移动）工具选择中间的顶点向上拖拽出尖角，如图 4-64 中 B 所示，接着进入 ◁（边）层级，再选择右键快捷菜单中的"连接"命令，在尖角侧面添加一圈边，如图 4-65 中 A 所示，最后进入 ⬚（顶点）层级，使用 ✛（选择并移动）工具，调整末端肢体的尖角造型，如图 4-65 中 B 所示。

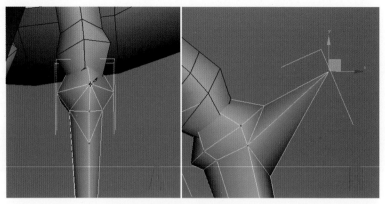

图 4-64　制作末端肢体的尖角

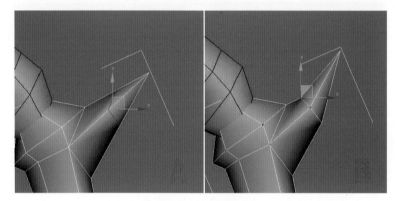

图 4-65　调整尖角细节

8）框选组成步足的 3 节模型，然后选择菜单中的"组 | 成组"命令，将所有模型组合，如图 4-66 所示。接着单击 （层次）面板中"轴"标签下的"仅影响轴"按钮，再将坐标轴的 X 值设为 0，如图 4-67 所示。

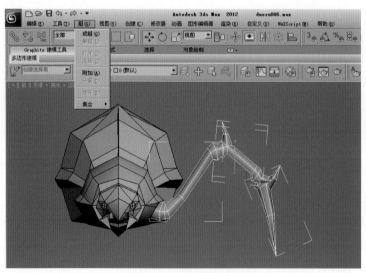

图 4-66　将肢体组合

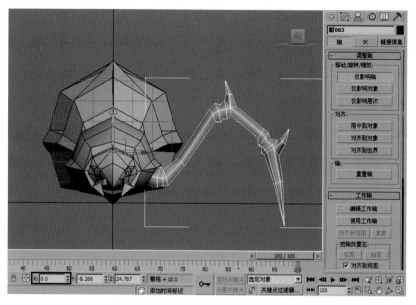

图 4-67　调整肢体坐标轴

9）复制出蜘蛛一侧的所有步足。方法：使用 ○（选择并旋转）工具调整步足的角度，如图 4-68 所示。然后在按下〈Shift〉键的同时，使用（选择并旋转）工具进行旋转，再在弹出的"克隆选项"对话框中设置"副本数"为 3，如图 4-69 中 A 所示，单击"确定"按钮，从而复制出蜘蛛一侧的所有步足。接着使用 ✛（选择并移动）工具调整好肢体的位置，如图 4-69 中 B 所示。

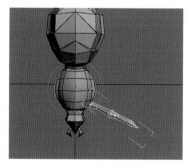

图 4-68　调整肢体角度

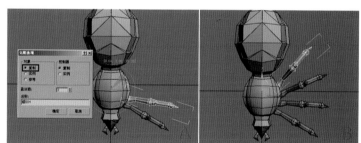

图 4-69　复制出一侧的肢体

10）复制出蜘蛛另一半的身体和肢体模型。方法：在前视图删除左侧身体模型，如图 4-70 中 A 所示，然后选择剩下的一半身体和肢体模型，选择菜单中的"组 | 成组"命令，将它们组合，如图 4-70 中 B 所示。接着单击 品（层次）面板中"轴"标签下的"仅影响轴"按钮，再将坐标轴的 X 值设为 0，再单击工具栏中的 ⋈（镜像）工具，以"复制"镜像的方式对称制作出另一半身体，从而完成整体模型的制作，如图 4-71 所示。

提示：步骤1）~10）的制作演示详见配套光盘中的"多媒体视频文件\第4章 网络游戏中多足NPC角色设计——蜘蛛的制作\肢体制作.avi"视频文件。

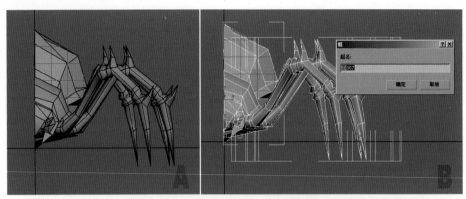

图 4-70　组合身体和肢体模型

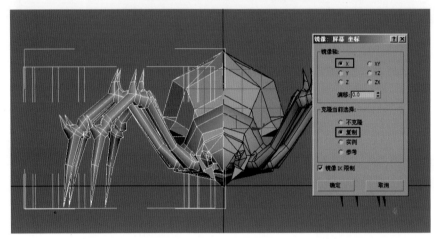

图 4-71　完成多足角色的模型制作

4.4　编辑多足角色——蜘蛛的UV

通常在完成角色模型的制作后，要通过绘制贴图来表现角色的色彩和质感。而贴图能否准确地定位于模型，跟模型 UV 的编辑有直接关系。因此，在角色的制作过程中，UV 编辑是非常重要的步骤。本例多足角色 UV 编辑的流程为：首先将模型删除一半，然后为模型指定 UV 贴图坐标，并在"编辑 UVW"对话框中进行调整和编辑，此时主要处理的是 UV 坐标的形状和位置。最后复制出模型的另一半，完成整体 UV 坐标的编辑，再进入贴图绘制的过程。

4.4.1　编辑蜘蛛身体的UV

1）框选整体蜘蛛的模型，然后选择"组 | 解组"菜单命令，取消之前的成组模型，如图 4-72 所示。再按下〈M〉键或单击工具栏上的 ▒（材质编辑器）按钮，打开材质编辑器。接着选择一个空白的材质球，单击"漫反射"右边的贴图按钮，如图 4-73 中 A 所示。再在弹出的"材质 / 贴图浏览器"对话框中选择"棋盘格"贴图，如图 4-73 中 B 所示，单击"确定"按钮。最后把"瓷砖"选项组中的"U"、"V"值都改为 20，再单击 ▒（将材质指定给选定的对象）按钮，将材质指定给视图中蜘蛛的模型，如图 4-74 所示。

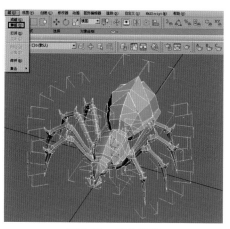

图 4-72　解组模型

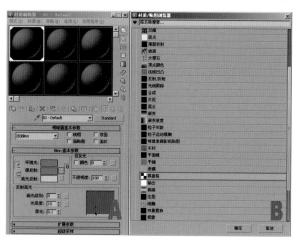

图 4-73　指定棋盘格材质

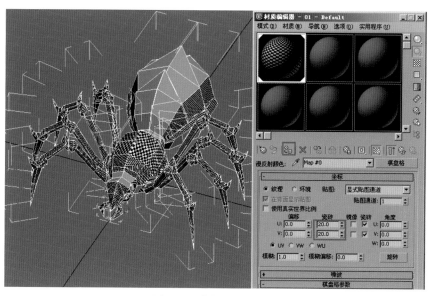

图 4-74　将材质赋予模型

2）删除蜘蛛模型重复的部分，只保留蜘蛛的一半身体和一条步足的模型，然后在 ![icon]（修改）面板的"修改器列表"中选择"UVW 展开"命令，如图 4-75 所示。接着单击"编辑 UV"卷展栏下"打开 UV 编辑器"按钮，打开"编辑 UVW"对话框，如图 4-76 所示。

提示：蜘蛛8条步足的UV和贴图是一样的，因此只要制作好一条带贴图的步足，然后复制出其余步足即可。

3）在"编辑 UVW"对话框中，单击 ![icon]（显示对话框中的活动贴图）按钮，去掉棋盘格背景的显示，然后激活 ![icon]（多边形）模式，再框选对话框中的 UV，此时被选中的 UV 会以红色进行显示，效果如图 4-77 中 A 所示。接着单击"投影"卷展栏中的 ![icon]（平面贴图）按钮，多足角色的 UV 变化效果如图 4-77 中 B 所示，最后单击 ![icon]（平面贴图）按钮，取消激活。

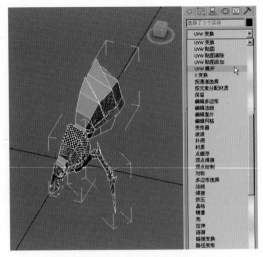

图 4-75　删除重复模型并指定"UVW 展开"修改器

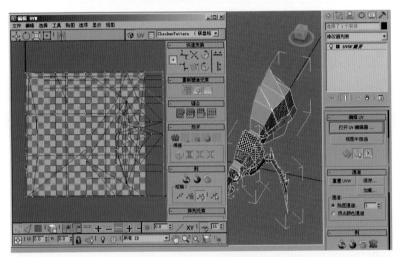

图 4-76　"编辑 UVW"对话框

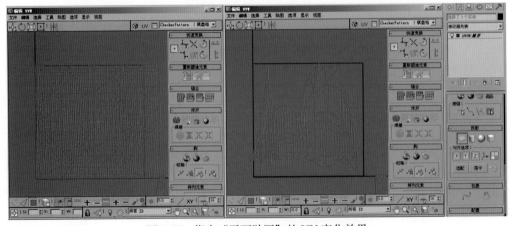

图 4-77　指定"平面贴图"的 UV 变化效果

4）在"编辑 UVW"对话框中激活 🔲（按元素 UV 切换选择）按钮，这样可以通过局部选择整体的 UV。然后使用 ✛（移动选定的子对象）工具分别选择触角、肢体部分的 UV，再与身体 UV 分开摆放，如图 4-78 所示。接着使用 ↻（旋转选定的子对象）工具，调整身体部分 UV 的角度，再激活 🔲（顶点）模式，使用 ↻（旋转选定的子对象）工具和 ✛（移动选定的子对象）工具，调整身体 UV 顶点的角度和位置，调整时需要观察棋盘格贴图的拉伸程度，直到拉伸不再明显，最终效果如图 4-79 所示。

提示：在选择不同模型部分的UV时，可以按住〈Ctrl〉键进行加选或者按住〈Alt〉键进行减选操作。

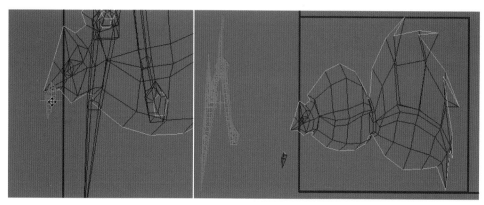

图 4-78　摆放 UV 的位置

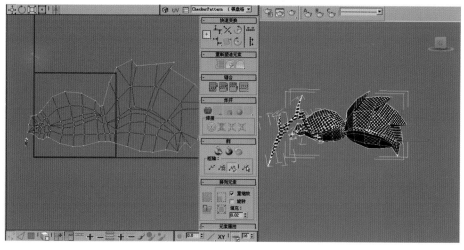

图 4-79　调整身体 UV 之后的效果

5）激活 🔲（多边形）模式，再单击 🔲（按元素 UV 切换选择）按钮，然后选中身体部分的 UV，再使用 ✛（移动选定的子对象）、↻（旋转选定的子对象）和 ⧉（缩放选定的子对象）工具将调整好的身体 UV 摆放到象限框内，如图 4-80 所示。

6）按照同样的方法，选择触角部分的 UV，再单击 ◻（平面贴图）按钮，效果如图 4-81 所示。然后取消激活 ✛（平面贴图）按钮，再激活 ◸（边）模式，按下〈Ctrl〉键选择触角的侧边。接着选择右键快捷菜单中的"断开"命令，沿选择的侧边断开触角的 UV，如图 4-82 所示。

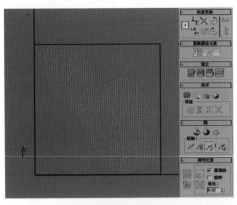

图 4-80　调整好身体 UV

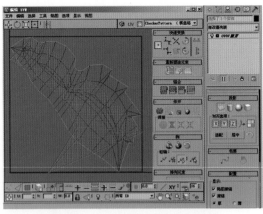

图 4-81　为触角 UV 指定平面贴图

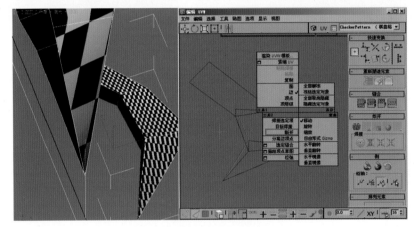

图 4-82　从侧边断开触角的 UV

7)　激活 （顶点）模式，再使用（移动选定的子对象）工具，从断开处调整 UV 点的位置，如图 4-83 中 A 所示，然后使用 （缩放选定的子对象）工具调整触角 UV 的大小，再摆放到合适的位置，如图 4-83 中 B 所示。

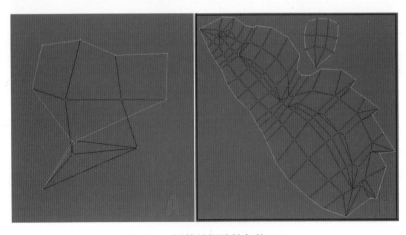

图 4-83　调整并摆放触角的 UV

提示：步骤1）~7）的制作演示详见配套光盘中的"多媒体视频文件\第4章 网络游戏中多足NPC角色设计——蜘蛛的制作\身体UV.avi"视频文件。

4.4.2　编辑蜘蛛肢体的UV

1）调整视图中的蜘蛛步足（肢体）模型，让尖角侧面正对用户视角，如图 4-84 中 A 所示，然后激活▓（多边形）模式，选中步足一个尖角的 UV，再单击⬜（平面贴图）按钮，接着单击⬒（对齐到视图）按钮，得到的效果如图 4-84 中 B 所示。最后激活⚬（顶点）模式，再使用▣（自由形式模式）工具调整好尖角 UV，并摆放到象限框内，如图 4-85 所示。按照同样的方法，调整好另一根尖角的 UV。

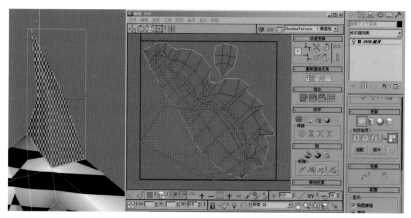

图 4-84　调整尖角的 UV

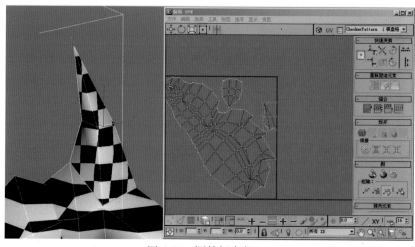

图 4-85　调整好尖角 UV

2）让蜘蛛步足的第 3 节（最下方肢体）正面正对用户视角，如图 4-86 中 A 所示，然后激活▓（多边形）模式，再单击🔲（按元素 UV 切换选择）按钮后选择最下方肢体的 UV。接着单击⬜（平面贴图）按钮，再单击⬒（对齐到视图）按钮，得到的效果如图 4-86 中 B 所示。

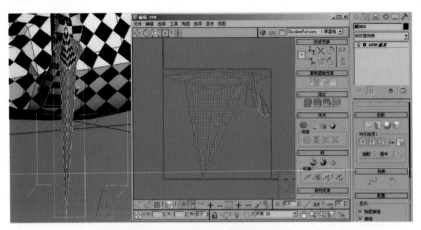

图 4-86　编辑最下方肢体的 UV

3)　选择蜘蛛步足第 3 节背面的多边形，如图 4-87 中 A 所示，然后选择右键快捷菜单中的"断开"命令，分离肢体 UV，如图 4-87 中 B 所示。接着激活▢（顶点）模式和▢（捕捉）模式，使用▣（自由形式模式）工具将相邻顶点捕捉到一起，如图 4-88 中 A 所示，再将左右对称部分的 UV 重叠在一起，如图 4-88 中 B 所示，调整后的最终效果如图 4-89 所示。

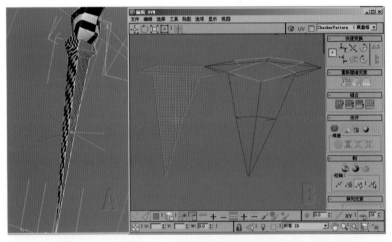

图 4-87　分离肢体背面的 UV

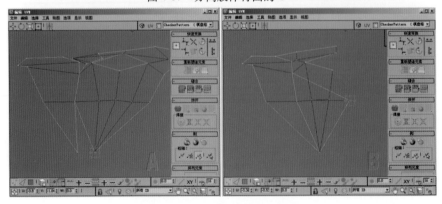

图 4-88　将左右对称部分的 UV 重叠

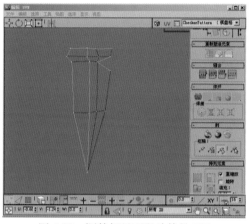

图 4-89　调整好最下段肢体的 UV

4）同理，调整好组成步足的其余两节（第 1 节和第 2 节）模型的 UV，效果如图 4-90 所示。然后把所有编辑好的 UV 合理地摆放到象限框内。接着在修改器堆栈中选择右键快捷菜单中的"塌陷到"命令，将 UV 编辑的修改结果保存，如图 4-91 所示。

提示：步骤1）~4）的制作演示详见配套光盘中的"多媒体视频文件\第4章 网络游戏中多足NPC角色设计——蜘蛛的制作\肢体UV.avi"视频文件。

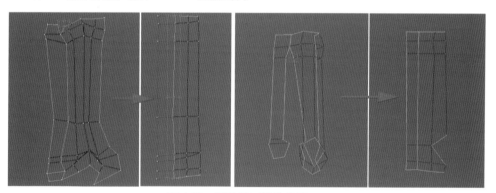

图 4-90　调整另两段肢体的 UV

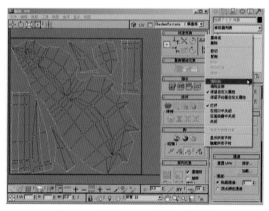

图 4-91　调整 UV 后的最终效果

5）在视图中框选组成蜘蛛步足的 3 节模型，然后选择菜单中的"组 | 成组"命令，将它们重新组合。接着进入顶视图，单击 （层次）面板中"轴"标签下的"仅影响轴"按钮，再将坐标轴的 X 值设为 0，如图 4-92 中 A 所示。接着在按下〈Shift〉键的同时，使用 （选择并旋转）工具旋转复制出一侧的所有肢体，如图 4-92 中 B 所示。

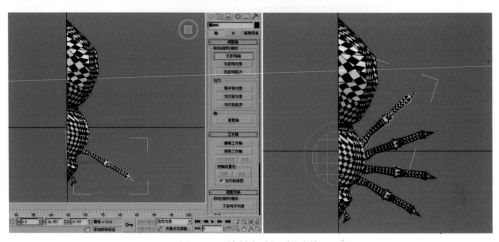

图 4-92　旋转复制一侧肢体

6）选择身体和所有步足模型，然后选择菜单中的"组 | 成组"命令，将它们组成一个整体，如图 4-93 所示。然后单击 （层次）面板中"轴"标签下的"仅影响轴"按钮，再将坐标轴的 X 值设为 0。接着单击工具栏中的 （镜像）工具，以"复制"镜像方式对称复制出另一半身体，从而完成整体模型的制作，如图 4-94 所示。

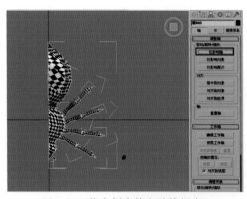

图 4-93　将左侧身体和肢体组合

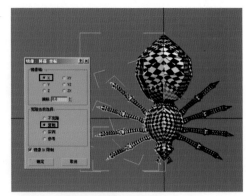

图 4-94　镜像复制出另一半

7）输出 UV 线框。方法：整体选择组成蜘蛛的模型，然后为其添加"UVW 展开"修改器，再单击"编辑 UV"卷展栏下的"打开 UV 编辑器"按钮，打开"编辑 UVW"对话框。接着选择"工具 | 渲染 UVW 模板"菜单命令，在弹出的"渲染 UVs"对话框中将"宽度"、"高度"值均设置为 512，如图 4-95 中 A 所示，再单击"渲染 UV 模板"按钮，弹出渲染 UV 模板窗口，如图 4-95 中 B 所示。最后单击 （保存位图）按钮，将图片命名为 TGA.tga，保存于配套光盘中的"贴图 \ 第 4 章 网络游戏中多足 NPC 角色设计——蜘蛛的制作"目录下。

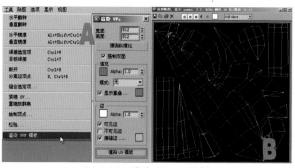

图 4-95　渲染 UVW 模板

8）为模型命名。方法：选择菜单中的"组 | 解组"菜单命令，将模型解组，然后选择一侧身体模型，单击 （修改）面板下方"编辑几何体"卷展栏中的"附加"按钮，再单击另一侧身体模型，从而将身体部分附加到一起，如图 4-96 中 A 所示。接着进入 （顶点）层级，框选接缝处的顶点，再单击"编辑顶点"卷展栏下的"焊接"按钮，将接缝处的顶点合并，如图 4-96 中 B 所示。最后给身体部分命名为"shenti"，如图 4-97 所示。同理，单击"附加"按钮将触角合并，并将合并后的模型命名为"chujiao"，再将所有步足模型合并，并将合并后的模型命名为"jiao"。

提示：步骤5）~8）的制作演示详见配套光盘中的"多媒体视频文件\第4章 网络游戏中多足NPC角色设计——蜘蛛的制作\UV导出.avi"视频文件。

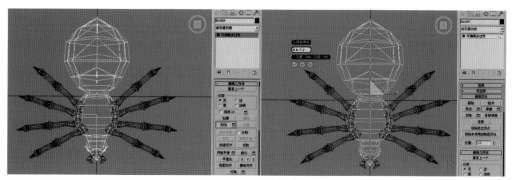

图 4-96　合并身体模型

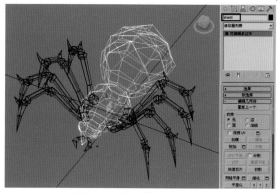

图 4-97　为身体模型命名

4.5　绘制多足角色——蜘蛛的贴图

完成了蜘蛛模型的制作和 UV 编辑之后，接下来要使用 Bodypaint 3D 和 Photoshop 绘图软件为四足角色绘制贴图。贴图的好坏，直接影响游戏角色模型的品质，高质量的贴图可以使模型形神兼备，能最大限度地还原游戏原画的设定。

4.5.1　绘制蜘蛛身体贴图

1）提取 UV 线框。方法：进入 Photoshop CS5，打开保存在配套光盘中的"贴图 \ 第 4 章 网络游戏中多足 NPC 角色设计——蜘蛛的制作 \TGA.tga"文件，然后选择菜单中的"选择 | 色彩范围"命令，再使用吸管工具吸取文件中的黑色区域，参数设置如图 4-98 所示，单击"确定"按钮，此时黑色以外的线框会成为选区。接着单击"图层"面板下方的 ▣（创建新图层）按钮，创建"图层 1"图层，再设置"前景色"为黑色，"背景色"为白色，按快捷键〈Ctrl+Delete〉把线框选区填充为白色。最后按快捷键〈Ctrl+D〉取消选区，如图 4-99 所示。

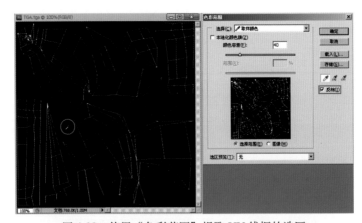

图 4-98　使用"色彩范围"提取 UV 线框的选区

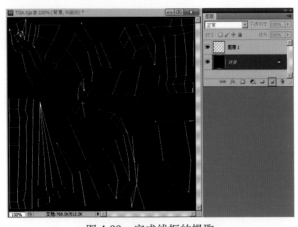

图 4-99　完成线框的提取

2）在"图层 1"与"背景"图层中间新建一个"图层 2"图层，然后将其填充为暗粉色，颜色参考值为 RGB（88，31，53）的底色，如图 4-100 所示。接着选择菜单中的"文

件 | 存储为"命令，将图片命名为 PSD.psd，保存到配套光盘中的"贴图 \ 第4章　网络游戏中多足 NPC 角色设计——蜘蛛的制作"目录下。

图 4-100　为贴图铺底色

3）回到 3ds max 2012，按下〈M〉键，打开材质编辑器，然后选择第2个材质球，单击"漫反射"右边的■按钮。接着在弹出的"材质 / 贴图浏览器"对话框中双击"位图"贴图，如图 4-101 所示，再在弹出的对话框中找到刚才保存的"PSD.psd"文件，单击"打开"按钮，从而将贴图指定给视图中的蜘蛛模型，效果如图 4-102 所示。

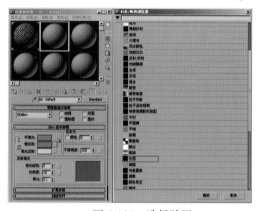

图 4-101　选择贴图

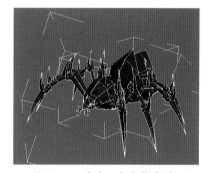

图 4-102　为多足角色指定贴图

4）选择整体蜘蛛模型，单击软件界面左上角的 快捷图标，打开其菜单，然后选择"导出"命令，再在弹出的"选择要导出的文件"对话框中将模型保存，"文件名"为 Obj，"保存类型"为"gw::OBJ-Exporter(*.OBJ)"，如图 4-103 所示，单击"保存"按钮。接着在弹出的对话框中设置参数，如图 4-104 所示，单击"导出"按钮完成导出。

图 4-103　导出模型

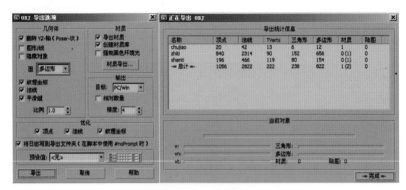

图 4-104　完成导出

5）打开 BodyPaint 3D R2.5，选择菜单中的"File|Open"命令，如图 4-105 所示，打开之前导出的 Obj.obj 模型。然后双击材质球，如图 4-106 中 A 所示，在弹出的"Material Editor（材质编辑器）"对话框中单击"texture"右侧的按钮，如图 4-106 中 B 所示，再在弹出的对话框中打开之前保存的"PSD.psd"贴图文件，从而将贴图指定给模型。接着找到配套光盘中的"原画\第 4 章 网络游戏中多足 NPC 角色设计——蜘蛛的制作\多足角色（蜘蛛）.原画.psd"文件，使用鼠标直接拖曳至如图 4-106 中 C 所示区域。

提示：在原画无法导入时将其转存为psd文件格式即可。

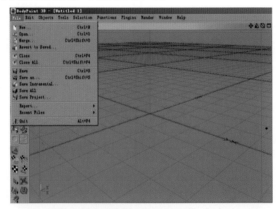

图 4-105　选择"File|Open"命令

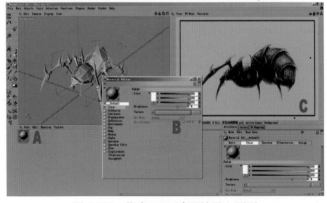

图 4-106　指定 PSD 贴图并导入原画

6）为了方便后面的操作，需要为 BodyPaint 3D 预设工具。方法：单击███（吸管工具）并选择其属性面板中两个属性对应的复选框，如图 4-107 中 A 所示，然后单击██（画笔工具），再单击打开其属性面板中笔刷预览框选择笔刷，如图 4-107 中 B 所示。接着选择菜单中的"Display|Constant Shading"命令，调整模型显示模式，如图 4-107 中 C 所示，最后选择菜单中的"Edit|Preferences 命令，并在弹出的对话框中设置参数，如图 4-108 所示。

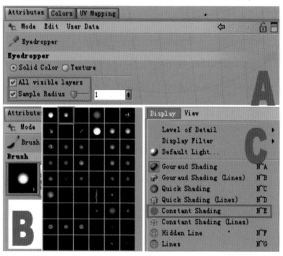

图 4-107　参数设置

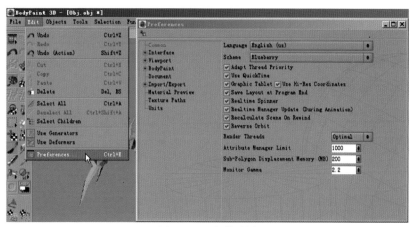

图 4-108　参数设置

7）隐藏模型。由于 Bodypaint 3D 是在模型表面直接绘制贴图，为了便于绘制，需要将暂时不绘制的模型部分隐藏。方法：在视图中"Object"面板下单击两次三角形状右侧的圆点，使其变为红色，即可隐藏当前模型，如图 4-109 所示。此时就可以使用██（画笔工具）开始进行绘制，绘制时一定要注意图层的选择（此时选择的是"图层 2"，如图 4-110 所示），不要选错图层。

提示：Bodypaint 3D视图的基本操作包括平移（快捷键〈Alt+鼠标中键〉）、旋转（快捷键〈Alt+鼠标左键〉）和缩放（快捷键〈Alt+鼠标右键〉）。

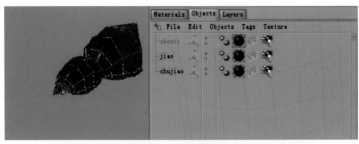

图 4-109　隐藏模型

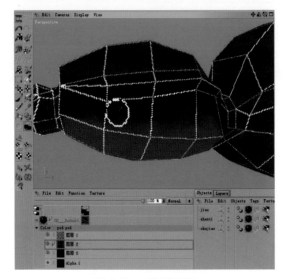

图 4-110　选择图层

8）笔刷的设定。方法：Bodypaint 3D 的笔刷常用参数为 "Size"（笔刷大小）、"Pressure"（压力）、"Hardness"（笔刷硬度）和 "Spacing"（笔刷间距），如图 4-111 中 A 所示，如果需要修改画笔的压力，可以分别单击 "Size" 和 "Pressure"，然后在弹出的菜单中选择相应参数进行设置，如图 4-111 中 B 所示。在绘制的过程中需要随时调整笔刷参数进行绘制。

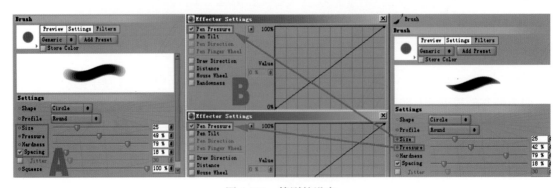

图 4-111　笔刷的设定

9）绘制过程主要分成绘制基本颜色、绘制基本结构和纹理和刻画细节纹理等几个主要步骤。绘制过程中，可以按下〈Ctrl〉键使画笔变成吸管工具以便吸取原画上的颜色，然后开始绘制，还可以进入切换到"Texture"界面进行绘制，如图 4-112 所示。绘制基本颜色的效果如图 4-113 所示。绘制基本结构和纹理的效果如图 4-114 所示。

图 4-112　切换到"Texture"界面绘制

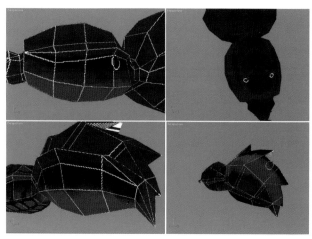

图 4-113　绘制身体贴图的基本颜色

图 4-114　绘制身体贴图的基本结构和纹理

10）绘制完多足角色的基本纹理之后，双击材质球，在弹出的"Material Editor"对话框中单击如图 4-115 中 A 所示的按钮，然后单击"Edit Image"按钮，如图 4-115 中 B 所示，接着进入 Photoshop CS5 软件，将"图层 2"层拖到"图层"面板中的 （创建新图层）按钮上，从而创建出一个"图层 2 副本"图层，再使用 （画笔工具）在新图层上细化蜘蛛的身体贴图，如图 4-116 所示。

11）刻画完成后，打开一张合适的纹理（存放于配套光盘中的"贴图 \ 第 4 章　网络游戏中多足 NPC 角色设计——蜘蛛的制作 \ 工程文件 \156170-042-embeds.jpg"）文件，如图 4-117 所示，然后将其拖到 PSD.psd 贴图文件中，从而产生"图层 3"图层，接着将"图层3"置于"图层1"(线框层)下方。再调整其大小,并设置该层的叠加模式为"柔光","不透明度"设置为30%,最后使用 ![橡皮擦] (橡皮擦工具)擦除多余的部分,效果如图4-118所示。

提示:步骤1)~11)的制作演示详见配套光盘中的"多媒体视频文件\第4章 网络游戏中多足NPC角色设计——蜘蛛的制作\贴图绘制01.avi~贴图绘制04.avi"视频文件。

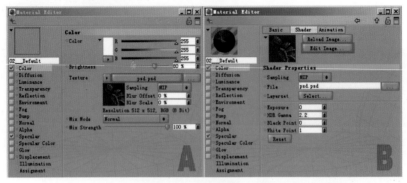

图 4-115 编辑图片按钮

图 4-116 在 Photoshop CS5 中细化身体贴图

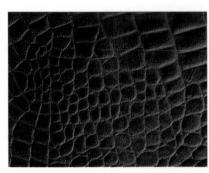

图 4-117 选择叠加的纹理

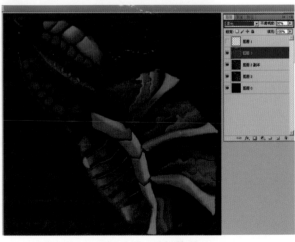

图 4-118 叠加纹理

4.5.2　绘制蜘蛛肢体贴图

1）参考身体贴图的绘制思路，在 BodyPaint 3D R2.5 软件中继续绘制肢体的贴图，效果如图 4-119 所示。然后进入 Photoshop CS5 中细化贴图，效果如图 4-120 所示。至此，多足角色的贴图绘制就基本完成。

> 提示：步骤1）的制作演示详见配套光盘中的"多媒体视频文件\第4章 网络游戏中多足NPC角色设计——蜘蛛的制作\贴图绘制05.avi、贴图绘制06.avi"视频文件。

图 4-119　绘制肢体贴图

图 4-120　在 Photoshop CS5 中细化贴图

2）回到 3ds max 2012 中观察整体贴图效果，如图 4-121 所示。此时的贴图效果还不够厚重。下面从整体上继续深入绘制多足角色纹理的质感表现，使其能够具有鲜明的写实风格，过程如图 4-122 所示，完成后在 3ds max 2012 中观察的效果如图 4-123 所示。

> 提示：步骤2）的制作演示详见配套光盘中的"多媒体视频文件\第4章 网络游戏中多足 NPC角色设计——蜘蛛的制作\贴图绘制07.avi~贴图绘制09.avi"视频文件。

图 4-121　观察整体贴图效果

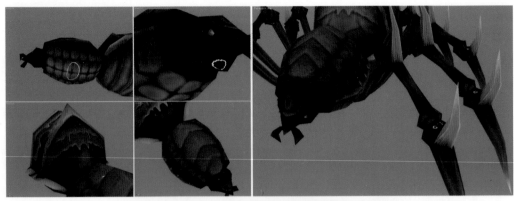

图 4-122   绘制多足角色纹理的质感

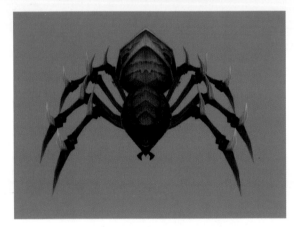

图 4-123   完成贴图的最终绘制效果

4.6   课后练习

利用本章学习的知识制作一只游戏中的多足 NPC 角色——螃蟹，如图 4-124 所示，参数可参考配套光盘中的"课后练习\第 4 章\螃蟹 .zip"文件。

图 4-124   课后练习效果